AF364044

MÉMOIRES
SUR LA GARANCE

ET

SA CULTURE,

AVEC

La Defcription des Étuves pour la deffécher, & des Moulins pour la pulvérifer.

Par M. Duhamel du Monceau, de l'Académie Royale des Sciences, de la Société Royale de Londres, des Académies de Befançon & de Palerme, Honoraire des Académies d'Édimbourg & de la Marine, Infpecteur général de la Marine.

A PARIS,

DE L'IMPRIMERIE ROYALE.

M. DCCLVII.

TABLE DES TITRES

Contenus dans ce Volume.

Extrait des Registres de l'Académie Royale des Sciences.

Messieurs DE MONTIGNY & GUETTARD, qui avoient été nommés pour examiner un ouvrage de M. Duhamel, intitulé, *Traité de la culture de la Garance, &c.* en ayant fait leur rapport, l'Académie a jugé cet ouvrage digne de l'impression. En foi de quoi j'ai signé le présent Certificat. A Paris, ce dix-huit juin mil sept cent cinquante-sept. *Signé GRANDJEAN DE FOUCHY, Secrétaire perpétuel de l'Académie Royale des Sciences.*

MEMOIRE

MÉMOIRE
SUR LA GARANCE,
ET SA CULTURE.

MOTIFS
Qui ont engagé à faire ce Mémoire.

LE Miniſtère ayant jugé que la Garance étoit aſſez intéreſſante aux Manufactures, pour accorder des priviléges diſtingués à ceux qui s'occuperoient de la culture de cette plante, il ſeroit ſuperflu de rapporter ici ſes uſages, on en eſt ſuffiſamment inſtruit; ainſi les Manufacturiers ſauront en faire un emploi convenable, & aſſurément ils renonceront à en tirer de l'étranger, ſi nos provinces leur en fourniſſent de bonne qualité, au même prix que celle qu'on tire de l'étranger, & en ſuffiſante quantité. Ce n'eſt donc point avec les Manufacturiers que nous avons à nous expliquer; c'eſt aux Cultivateurs ſeuls que nous adreſſons ce Mémoire, pour les mettre à portée de profiter des exemptions qu'on leur a accordées, & de tirer un profit confidérable de terres qui, par leur nature, font peu propres pour d'autres productions.

Mémoire de M. HELLOT fur la culture de la Garance, fervant d'Introduction.

LA Garance, *Rubia tinctorum*, eft l'objet d'un commerce confidérable pour la Zélande. On la cultive auffi depuis long temps dans les environs de Lille en Flandre; mais comme les Payfans y font trop preffés de jouir du bénéfice de la récolte, ils la font trop tôt, les racines n'ont pas le temps de groffir, elles ont par conféquent peu de parenchyme, qui eft la feule partie utile pour la teinture; auffi cette garance de Flandre eft-elle moins eftimée que celle de Zélande, qu'on laiffe plus long-temps en terre *.

Les Zélandois la font fécher dans des étuves, auxquelles ils donnent un tel degré de chaleur, que les ouvriers n'y peuvent entrer que prefque nus. Lorfque les racines font fort fèches, on les moud & on les tamife pour en féparer la pellicule grife, & le plus pur eft entaffé dans des fûtailles, pour être vendu fous le nom de *Garance, grappe de Hollande.*

Cette racine ainfi moulue, eft d'un ufage fort étendu dans l'art de la teinture des laines & des étoffes de laine, qu'elle teint d'un rouge à la vérité peu

---

* Il faut obferver un milieu; car les racines qui reftent trop long-temps en terre, fourniffent moins de teinture que celles qui n'y ont refté qu'un temps convenable : les plus groffes racines ne font pas toûjours les meilleures.

brillant, mais qui réſiſte ſans altération à l'action de l'air, des rayons du Soleil, & à celle des ingrédiens qu'on emploie pour prouver la ténacité de cette couleur ; elle ſert auſſi à procurer de la ſolidité à pluſieurs autres couleurs compoſées. Mais la garance de Hollande ne donne pas au coton, même le mieux préparé, ce rouge vif-incarnat des cotons teints à Andrinople & dans quelques-unes des E'chelles du Levant ; rouge qu'on a imité d'abord à Aubenas en Vivarais, & depuis à Darnetal près de Rouen où on le fait depuis huit ou neuf ans beaucoup plus beau que dans le Levant, parce qu'on y emploie l'*Hazala* qui eſt une garance cultivée dans les plaines de Smirne, ſéchée à l'ombre dans le pays, & qu'on envoie entière à Marſeille pour être enſuite pulvériſée par ceux qui en veulent faire uſage.

Cette garance de Smirne n'eſt pas la ſeule qui donne ce beau rouge ; on a teint du coton d'un rouge auſſi beau avec de la garance du Languedoc, du Poitou, du Gâtinois, & même avec celle qui croît ſans culture au pied des haies, pourvû qu'on ait eu ſoin de la faire ſécher entière au Soleil *, ou à une chaleur modérée qui ne paſſe pas le 33.me degré du Thermomètre de M. de Reaumur.

Il a été démontré par un grand nombre d'expériences, que de quelqu'endroit qu'on tire la garance, ſoit qu'elle ſoit cultivée ou non, elle teint en beau rouge la laine, le fil & le coton filé, pourvû qu'on ait

---

* Il eſt dit dans l'article précédent, qu'à Smirne on ſèche la garance à l'ombre. On ne croit pas que l'air ſoit aſſez ſec en France pour deſſécher la garance, & que l'action directe du Soleil puiſſe altérer la partie colorante, qui, étant appliquée ſur les étoffes, réſiſte à ſon action.

fait fécher lentement le parenchyme de cette racine, en prenant des précautions pour empêcher qu'il ne moififfe avant qu'il foit parfaitement fec.

Il eft étonnant qu'on abandonne à l'étranger une culture dont prefque tous les Propriétaires de terres pourroient profiter dans le Royaume. Un particulier qui étoit employé à Thouars, imagina en 1747 de tirer de terre, dans les vignes du Poitou, les racines de la garance qui y eft abondante, & dont les vigne-rons avoient foin de détruire les tiges & les feuilles comme herbes inutiles, à chacune des quatre façons qu'ils donnoient à leurs vignes. Cette attention du vigneron, qui n'avoit jamais penfé à faire profiter les racines de la plante, les fit tellement groffir, que toutes celles que le particulier de Thouars fit lever pendant le mois d'août & les premiers jours de Septembre, avoient huit à neuf lignes de diamètre ; mais comme le parenchyme en eft fort aqueux, elles furent réduites, en féchant, à près d'un cinquième. Ces racines caffées, encore fraîches, étoient jaunes dans la caffure ; mais cette caffure prenoit très-vîte le rouge, par l'impreffion de l'air ; ce qui faifoit la preuve de leur bonté.

Dans l'effai que le Confeil en fit faire fur des cotons préparés à la façon du Levant, cette garance féchée à l'ombre donna un rouge auffi beau que celui qu'on avoit tiré précédemment de l'*Hazala* ou garance choifie de Smirne.

D'après cet effai, le particulier de Thouars cultiva un arpent de terre planté en garance. Au bout de deux ans, il en réfulta que cette plante, bien cultivée, peut produire au bout de dix-huit mois, par chaque arpent de terre, *(a)* huit milliers pefant de racines fraîches, *(b)* qui fe réduifent à feize cens livres après qu'elles font exactement defféchées. En ne vendant cette garance toute pulvérifée, que fur le pied de cinquante livres le quintal, ce feroit un produit de huit cens livres au bout de dix-huit mois, ou de cinq cens trente-trois livres fix fols huit deniers par année, mais dont il faut déduire les frais ci-après.

M. Moreau de Beaumont, alors Intendant de Poitiers, envoya quelque temps après un état de la dépenfe qu'il falloit faire pour la plantation & l'entretien pendant deux années, de douze arpens de terre en garance, & pour la conftruction d'un moulin deftiné à la mettre en poudre, ainfi qu'il fuit :

(a) Les premières expériences faites en petit dans le Gâtinois, ont produit fur le pied de huit milliers de racines fraîches, & même au-delà. Il n'en a pas été ainfi depuis qu'on a travaillé en grand, excepté en 1751, que le produit d'un demi-arpent de terre neuve, cultivé en planches, fut à peu près fur ce pied, & donna prefque autant que trois arpens & demi dans différens cantons cultivés fuivant la méthode de Flandre, qu'on avoit fuivie jufqu'alors. Depuis ce temps, on a toûjours cultivé la garance en planches; mais, par différens accidens, auxquels on doit ordinairement s'attendre dans des terreins humides, on a toûjours eu beaucoup au-deffous de huit milliers de racines fraîches.

(b) La réduction de la racine de garance fraîche à un cinquième de fon poids, ne paroît pas fuffifante, fuivant l'expérience qu'on en a, pour la conferver jufqu'à la vente; elle fe pile mal, elle fe pelotte fous les couteaux des pilons, au lieu de fe réduire en poudre; l'humidité qui y refte, la feroit fermenter; les Teinturiers n'en voudroient pas, parce que la partie teignante feroit bien-tôt altérée; elle doit être réduite à un huitième, ou au point de caffer net en la pliant dans les doigts. Malgré cela, fi le brouillard pénètre dans le lieu où eft le moulin, on s'en aperçoit, & il faut alors l'enfûtailler promptement, & la garder dans un lieu fec.

Douze arpens de terre, choisis pour cette plantation pour le temps de deux années, pendant lesquelles on compte rendre les épreuves parfaites, affermés à raison de dix-huit livres l'arpent. . . . . 432 $^{liv.}$

Marchés faits pour deux labours de charrue, pour faire bêcher & piarder les douze arpens, pour faire arracher les mauvaises herbes & bêcher les plants, à vingt-quatre livres l'arpent. . . . . . . 576.

Fumier pour les douze arpens. . . . . 200.

Fossés de six pieds de profondeur sur sept de largeur, pour renfermer les plantations. . . . . 600.

Recherches du plant & de la graine en différens endroits. . . . . 500.

Plantation de douze arpens, & semaison de la graine. 150.

A celui qui est chargé de la culture des douze arpens, à raison de cent cinquante livres par an. . . . . 300.

Construction d'un moulin *. . . . . 600.

Dépense d'un cheval pour le tourner, & d'un homme pour le conduire. . . . . 300.

TOTAL. . . . . 3658 $^{liv.}$

Ce qui fait trois cens quatre livres dix douzièmes à déduire par année sur le produit ci-dessus de cinq cens trente-trois livres six sols huit deniers. En négligeant les fractions, chaque arpent de terre rapporteroit par an deux cens vingt-neuf livres six sols huit deniers ; mais les deux premières années ne peuvent produire qu'une foible récolte de racines.

Le particulier qui avoit commencé la culture des douze arpens, étant mort avant l'entière exécution

---

* On ne parle pas de l'étuve qui est plus nécessaire que le moulin.

du projet, on ne doit pas regarder comme certains les calculs précédens ; mais on peut avoir une entière confiance au Mémoire suivant.

SUR LA GARANCE & SA CULTURE,

conformément aux expériences qui ont été faites par Mrs GUERIN, à leur terre de Corbeille près Montargis, & M.^{rs} DU HAMEL, à leurs terres près Pithiviers, sur la rive de la forêt d'Orléans.

DESCRIPTION DE LA GARANCE.

IL y a plusieurs espèces de garance, qui toutes fournissent de la teinture : M. Guettard a même observé que les caille-lait pourroient en fournir * ; néanmoins on ne cultive que la grande espèce, qu'on nomme *Rubia tinctorum sativa. C. B. P.*

Cette espèce *(fig. 1.)* pousse des tiges longues de trois à quatre pieds, quarrées, noueuses, rudes au toucher ; chaque nœud est garni de cinq à six feuilles posées tout autour de la tige, ou, comme disent les Botanistes, *verticillées :* elles sont longues, étroites, garnies à leur bord de dents fines & dures qui s'attachent aux habits.

Les fleurs *a b* naissent vers les extrémités des branches ; elles sont d'une seule pièce, figurées en godet, percées à leur fond *c*, découpées par leur bord en quatre ou cinq parties ; leur couleur est d'un jaune verdâtre. On aperçoit dans l'intérieur quatre étamines & un pistile formé d'un style fourchu, & dont la base,

---

* Le raye de chaye qu'on emploie pour la teinture rouge sur la côte de Coromandel, est vrai-semblablement un caille-lait.

qui fait partie du calice *d*, étant l'embryon, devient
un fruit compofé de deux baies fucculentes *e*, attachées
enfemble. Quand les fruits font mûrs, chaque baie *f*
contient une femence *g* prefque ronde, qui eft recou-
verte par une pellicule. Les racines de cette plante
font longues, rampantes, divifées en plufieurs branches groffes comme une fort groffe plume, ligneufes,
rougeâtres, & elles ont un goût aftringent; c'eft la
feule partie qu'on emploie pour les teintures.

De la nature de la terre qui convient à la Garance.

CETTE plante fubfifte dans toutes fortes de terres,
mais elle ne fait pas par-tout d'auffi belles productions. On peut dire, en général, qu'elle ne fe plaît pas
dans les terreins fecs, ceux même qui font les plus
propres pour le froment; nous en avons fait l'épreuve
au Château de Denainvilliers près Pithiviers en Gâtinois. Elle aime les terres douces, légères & humides
en deffous, de forte que le terrein n'eft point trop
humide pour la garance quand l'eau n'y féjourne pas.
Elle a bien réuffi dans un fable gras qui étoit affis fur
un fond de glaife *. Le banc de glaife empêche les
racines de s'étendre en profondeur; elles coulent,
pour ainfi dire, fur ce fol qui retient l'humidité, &
elles fourniffent une grande quantité de belles racines.

Ce que nous venons de dire des terres graffes &
humides, peut être regardé comme une règle générale qui fouffre néanmoins des exceptions; car on a
recueilli de belles racines dans des terres fertiles qui

---

* On affure que la garance qu'on cultive dans l'ifle de Tergoès en
Zélande, vient dans un terrein gras, argilleux, & un peu falé.

étoient

étoient mêlées de beaucoup de cailloux ; & M. Guettard a rapporté d'auprès de la Tranche, en Poitou, de très-belles racines qu'il avoit tirées d'un fable affez fec.

La terre où Mrs de Corbeil ont cultivé de la garance avec fuccès, eft une efpèce de marais qui eft pluftôt inondé des eaux de pluie qui tombent fur un fol qui la retient, que par le débordement d'une petite rivière qui en eft fort près, nommée le Fuzin.

Tout ce terrein eft, depuis un temps immémorial, rempli de groffes & mauvaifes herbes de marais, qui ne font pas même d'une grande reffource pour le bétail ; ainfi on peut dire que les marais defféchés font très-favorables pour la culture de la garance. Combien y a-t-il en France de terres de cette efpèce qui ne produifent aucun revenu, & dont néanmoins on pourroit, avec du travail & de l'intelligence, tirer un profit confidérable ! Nous le ferons apercevoir dans la fuite de ce Mémoire.

La nature du terrein influe beaucoup fur la qualité de la garance : celle que M. Guettard avoit rapportée du Poitou, a fourni à M. Hellot la plus belle teinture. La garance de Mrs de Corbeil a été trouvée, par M. Hellot & les Teinturiers de Rouen, préférable à celle des Pays-bas, dont les racines font fort groffes *. Par les effais qu'on a faits de la petite quantité que nous avons cultivée feulement pour épreuve, nous croyons la pouvoir comparer à celle de Mrs de Corbeil ; ainfi, quoiqu'on puiffe dire en général que les racines qu'on tire des terreins fort gras,

---

* Peut-être que la préparation des racines influe autant que la nature du terrein fur leur qualité.

ne font pas auffi bonnes pour la teinture, que celles qui viennent dans une terre moins humide, on eft obligé de convenir que des terres de nature fort différente produifent de la garance de très-bonne qualité *.

Préparation de la terre.

QUAND on fe propofe de mettre de la garance dans une terre qui a été employée à d'autres productions, il fuffit, pour la difpofer à recevoir cette plante, de lui donner quelques labours, précifément comme fi on vouloit y femer du grain. Si la terre qu'on fe propofe de mettre en garance étoit en friche, il feroit néceffaire de multiplier les labours; & pour abréger l'ouvrage, on pourroit commencer par couper la terre avec des charrues à coutres fans focs. On en trouvera la defcription à la fin de cet ouvrage. Tout de fuite, & avant l'hiver, on donnera un labour avec une groffe charrue à verfoir, pour que les gelées d'hiver atténuent cette terre qui eft trop compacte. Auffi-tôt que les grandes gelées font paffées, on fe preffe de donner une couple de labours, & ordinairement la terre fe trouve en état d'être plantée aux mois d'Avril, Mai ou Juin.

Comme le terrein de Mrs de Corbeil eft rempli de groffes & mauvaifes herbes, ils commencent quelquefois par peler la terre à la houe pendant l'été, & ils brûlent les gazons à peu près comme nous l'avons expliqué dans le premier volume de la Culture des terres.

---

* Il ne fuffit pas qu'un terrein donne des racines de bonne qualité, il faut qu'il en fourniffe affez abondamment pour procurer du profit au Cultivateur.

D'autrefois ils se contentent de défricher leur terrein avec une grosse charrue à versoir, tirée par huit ou dix bœufs; & ayant laissé la terre ainsi bouleversée s'ameublir pendant l'hiver, ils lui donnent plusieurs labours avec la charrue ordinaire, jusqu'à ce qu'elle soit bien ameublie: ce n'est quelquefois qu'après six labours, & en ce cas une année est entièrement employée à ce travail; mais quand les gelées d'hiver ont été fortes, la terre est ordinairement en état de recevoir le plant dans la saison convenable.

Si on se rapelle que la garance périt immanquablement dans les endroits où l'eau séjourne, on concevra la nécessité de faire des fossés pour faciliter l'écoulement des eaux: ils servent de plus à enclorre la garancière, pour empêcher qu'on n'y forme des chemins, & la défendre du bétail. Ceux qui seront à portée d'avoir des fumiers, ne doivent pas négliger d'en répandre dans leurs garancières, sur-tout quand leur terrein sera maigre. Dans ce cas, le fumier de bœuf & de vache sera préférable à celui de cheval, qu'on réservera pour les terres trop fortes, ce fumier les rendant plus aisées à ameublir.

Comment on pourra se fournir de plant.

Il est certain qu'on pourroit élever la garance de semence, comme presque toutes les autres plantes; mais on perdroit bien du temps, puisqu'il faut trois ans pour que les plantes élevées de semence soient aussi fortes que les drageons enracinés qu'on emploie ordinairement. Je crois, sur la foi de quelques

Mémoires, qu'anciennement on élevoit en Flandre cette plante de femence qu'on répandoit dans le champ où elle devoit refter*; mais on étoit obligé de tenir le champ net d'herbes, en le farclant très-fréquemment, ce qui engage à des frais très-confidérables. C'eft pourquoi, fi faute d'autres moyens on étoit obligé d'employer la femence, je penfe qu'il ne la faudroit pas femer en pleine campagne, & qu'il conviendroit de la répandre dans les planches d'un potager, bien labourées & bien fumées. Quand la garance fera levée, on la farclera fouvent pour la tenir nette d'herbes, on l'arrofera dans les temps de fécherefle ; & quand les pieds auront pris aſſez de force, on les plantera dans la garancière, comme nous l'expliquerons plus bas.

Quand M.ᵓˢ de Corbeil ont commencé de faire cultiver de la garance dans leurs terres, ils ont été forcés d'avoir recours à la femence, & de tirer du plant de Flandre ; mais quand on eft une fois pourvû de quelques champs de garance, il fera bien plus sûr & plus expéditif d'employer quelqu'un des moyens dont nous allons parler.

Si on eft dans un pays où la garance dont il s'agit croiffe naturellement, ou fi on a un champ de garance qu'on veuille facrifier pour en avoir de plus étendus, ou enfin fi on a dans un potager des pieds élevés de femence, qui foient aſſez forts pour être tranfplantés, dans tous ces cas on arrache la garance en ménageant bien les racines, fur-tout les traînaffes

---

* Je fuis certain qu'on ne multiplie plus la garance en Flandre qu'avec des drageons, comme nous l'expliquerons dans la fuite.

qui coulent entre deux terres *, on les plante en entier, couchant les racines à droite & à gauche: ce plant fournit beaucoup, car trois milliers de ces plantes fuffifent pour garnir un arpent. Cette opération fe peut faire le Printemps & l'Automne; mais je crois qu'on doit préférer le Printemps.

Lorfqu'on arrache des racines de garance pour les fournir aux Teinturiers, on peut, fans renoncer au profit qu'on en doit attendre, fe procurer beaucoup de plant; car il eft d'expérience qu'un bout ou un tronçon de racine, garni d'un bouton, produit un pied lorfqu'on le met en terre: ainfi, quand on arrache une garancière, on peut fe procurer beaucoup de ce plant, qu'il faut mettre en terre l'Automne, parce que, comme nous le dirons dans la fuite, c'eft la faifon d'arracher les racines de garance qu'on deftine pour les teintures; mais il faut planter ce plant affez dru, car ordinairement il en périt une partie.

Quand on a de grands champs de garance, on peut fe procurer beaucoup de provins, fans faire aucun tort à la garance qu'on élève pour le profit de fa racine. Pour cela, quand la garance a pouffé des tiges de huit à dix pouces de longueur, ce qui

---

* Si on veut garnir une nouvelle garancière de plant enraciné, ce ne peut être qu'aux dépens de la récolte à faire dans celle où on le lève, parce que ce plant n'eft autre chofe que le produit de la plantation qu'on a faite l'année précédente, qui s'eft accrûe par les couchis qu'on en lève tout entiers; ce qui ne peut être utile que dans le cas qu'on a commencé par peu, & qu'on veut rendre la culture plus étendue en moins de temps; mais il eft plus à propos de planter, en fe contentant de lever les œilletons que les couchis produifent. Au refte, un arpent fournit des œilletons en affez grande quantité, pour en planter au moins deux. Ceci eft conforme aux Mémoires venus de Flandre, & aux expériences faites à Corbeil.

arrive ordinairement la feconde année, dans le cours des mois d'Avril, Mai ou Juin, fuivant que la faifon eft plus ou moins favorable à cette production, des femmes faififfent la fanne auprès de terre, & l'arrachent comme fi elles cueilloient de l'herbe à leurs vaches; une partie des brins viennent avec de petites racines au bas, ceux-ci reprennent aifément; d'autres n'ont qu'un peu de rouge à cette partie, la reprife en eft douteufe; d'autres enfin n'ont que du verd, ceux-là doivent être rejetés, parce que la plus grande partie périroit; mais la reprife des provins enracinés eft prefque affurée, fur-tout s'il furvient un peu d'eau après qu'ils font mis en terre.

Comme on a foin, en cultivant la garance, de coucher les tiges pour qu'elles forment des racines, la plufpart des brins font des traînaffes à la fuperficie de la terre, que les femmes arrachent avec les tiges; mais fi la terre étoit trop dure, & fi on s'apercevoit que les tiges reftaffent fans racines, ou du moins fans le rouge qui eft néceffaire pour leur reprife, on fe ferviroit d'un plantoir plat, large de huit à dix lignes, qu'on enfonceroit en terre, & qu'on inclineroit enfuite pour foûlever la racine, & empêcher les tiges de fe rompre au ras de terre. Cette opération, qui alonge la befogne, eft prefque toûjours inutile; mais il faut avoir grande attention de ne point trop arracher de plant: il faut laiffer aux vieux pieds au moins un quart des tiges, fans quoi les racines périroient.

Manière de planter la Garance.

On suppose que le champ a été préparé par de bons labours, qui doivent être répétés plus ou moins, suivant l'état & la nature du terrein qu'on veut mettre en garance : il sera bon d'y faire passer la herse pour unir la terre.

Comme l'usage le plus commun est de planter les garancières avec du provin, nous commencerons par détailler la façon de les mettre en terre ; ce qui regarde les autres plants en sera plus aisé à comprendre.

Pendant que des hommes, avec la houe qu'on nomme *marre* dans le Gâtinois, forment des sillons tirés au cordeau, de trois à quatre pouces de profondeur, des femmes ou des enfans couchent les provins dans les rigoles à deux ou trois pouces les uns des autres, & les hommes enterrent ce plant ou remplissent ce premier sillon avec la terre qu'ils tirent pour former une seconde rigole, dans laquelle les femmes arrangent du plant comme elles avoient fait pour la première. Cette seconde rigole est remplie avec la terre qu'on tire pour en former une troisième, dans laquelle on arrange encore du plant, comme dans les deux premières, & on la remplit avec de la terre qu'on tire de l'endroit où doit être la plate-bande.

Chaque planche n'est formée que par trois rangées de garance, & on met un pied d'intervalle entre les rangées ; ainsi les planches n'ont que deux pieds de largeur, & on laisse quatre pieds de distance d'une planche à l'autre, pour former une plate-bande dans laquelle on ne met point de garance, mais qu'on laboure avec la charrue, comme nous le dirons dans un inftant *.

On fait enfuite une feconde planche, fur laquelle il y a encore trois rangées de garance, puis une plate-bande de quatre pieds de largeur, puis une planche; ce que l'on repète dans toute l'étendue du terrein qui fe trouve planté avec environ quarante milliers de provins.

Puifque nous avons dit dans l'article précédent, qu'on arrachoit le provin dans les mois d'Avril, Mai ou Juin, il s'enfuit qu'on le doit planter dans ce même temps; car fi-tôt que le plant eft arraché, il le faut mettre en terre; & comme on peut choifir un temps favorable pendant quinze jours ou trois femaines, on effayera de faire cette plantation quand le temps fera difpofé à la pluie, la reprife en fera plus certaine. Pour tous les plants de légumes qu'on fait en grand, il eft avantageux d'avoir de l'eau dans des fceaux, pour y faire tremper le plant avant que de le mettre en terre : nous croyons que cette pratique feroit bonne pour la garance, quoique nous ne l'ayons pas mis en ufage.

Ce que nous venons de dire ne regarde que le plant de provin; car celui qui eft formé d'un bout de racine garni d'un bouton étant choifi l'Automne, quand on arrache les garancières, il faut le mettre

---

* En Flandre on fait les planches de dix pieds de largeur, & on ne laiffe entr'elles qu'un pied ou un pied & demi de plate-bande; ce qui ne fournit pas affez de terre pour couvrir les couchis, & on eft obligé de tranfporter cette terre jufqu'au milieu de ces larges planches: la méthode décrite a paru préférable.

en terre dans cette saison ; mais, à cette circonstance près, on doit se conformer à ce qui a été dit en parlant des provins, mettre trois rangées de garance sur chaque planche de deux pieds de largeur, & laisser entre elles des plate-bandes larges de quatre pieds.

A l'égard des plants enracinés, on est maître de les planter le Printemps ou l'Automne, & on se conformera encore à ce qui a été dit des provins, ayant attention de faire les rigoles plus profondes quand le plant est plus gros, d'étendre les traînasses de racine suivant la direction des rigoles, & de faire en sorte que ces racines traçantes ne soient recouvertes que d'un pouce ou d'un pouce & demi de terre, pour que les tiges puissent percer & se montrer au dehors.

Nous ne devons pas négliger d'avertir que Mrs de Corbeil ont tenté de donner à leurs planches beaucoup plus de largeur, les formant avec six ou même huit rangées de garance ; mais ils ont reconnu qu'il étoit bien plus avantageux de les réduire à trois : c'est aussi la méthode que nous avons suivie.

Quand la garance est plantée dans un terrein fort humide, l'eau s'écoule dans les plate-bandes, qui se creusent toutes les fois qu'on charge les planches ; mais si le terrein étoit trop sec, il paroîtroit mieux de le rayonner, comme quand on veut planter de la vigne ; on planteroit la garance dans le fond du sillon, comme on fait les asperges, & en rechauffant le plant, le terrein se trouveroit de niveau, ou un peu bombé sur les planches. Nous n'avons fait cette épreuve que cette année, qui a été contraire à cette culture ; ainsi nous ne pouvons pas encore répondre du succès.

C

Entretien de la Garance, depuis qu'elle eſt plantée juſqu'à ce qu'on l'arrache.

Sı la garance a été plantée l'Automne, on ſe contente de donner de temps en temps quelques labours aux plate-bandes avec la petite charrue à une roue, dont on trouvera la deſcription à la fin de cet ouvrage ; & comme ces labours n'ont pas tant pour objet de donner de la vigueur à la garance, que de ſe ménager de la terre meuble à portée des planches, on a l'attention de ne les point faire quand la terre trop humide ſe pourroit paîtrir. On ne peut guère ſe diſpenſer de donner auſſi, avant les mois de Juin ou de Juillet, un labour aux plate-bandes des garan-cières qui ont été plantées le Printemps.

Quand les pouſſes de garance ont acquis un pied de longueur, des femmes ſarclent à la main les plan-ches, pour en ôter toutes les mauvaiſes herbes, puis des hommes couchent les tiges de la première rangée par terre du côté de la plate-bande voiſine ; ils les couvrent d'un pouce & demi ou deux de terre meu-ble, qu'ils prennent dans la plate-bande même, ayant grande attention qu'aucun pied ne ſoit couvert de terre dans toute ſa longueur. Il faut que leur extrémité ſorte du terrein, ſans quoi ils périroient infailliblement, au lieu qu'avec cette attention toute la tige tendre qui ſe trouve en terre ſe convertit en racines.

La ſeconde rangée ſe couche ſur la place où étoit la première ; on la recouvre de deux pouces de terre : la troiſième ſe couche ſur la ſeconde, & quand elle eſt chargée de la même épaiſſeur de terre, les plan-ches ſe trouvent élargies d'un pied aux dépens d'une des plate - bandes. Ce travail, qui eſt un des plus conſidérables, s'exécute aſſez aiſément, quand on a eu ſoin d'entretenir la terre des plate-bandes bien meuble par des labours à la charrue.

Quand les années ſont très - favorables pour la garance, il arrive quelquefois qu'un mois après, les tiges ſe ſont encore alongées d'un pied ; alors on répète l'opération que nous venons de décrire, & les planches ſe trouvent une ſeconde fois élargies d'un pied aux dépens des plate-bandes ; mais on eſt rarement dans cette heureuſe circonſtance.

On continue de ſarcler les planches, & de donner de temps en temps de petits labours aux plate-bandes, pour y entretenir de la terre meuble ; car dans le mois de Mars, avant que la garance ſorte de terre, on doit couvrir avec de la terre meuble les planches de l'épaiſſeur d'un pouce : les plantes en reçoivent beaucoup de vigueur.

On ne doit point permettre d'arracher la fanne de la garance la première année ; les tiges précédem- ment formées n'ayant pas encore produit beaucoup de chevelu, elles s'arracheroient avec la fanne : on pourroit la couper, mais il vaut mieux la laiſſer périr d'elle-même.

Dans les mois d'Avril, Mai ou Juin, on arrache le provin, comme nous l'avons expliqué plus haut, & l'entretien des garancières juſqu'au mois d'Août ſe réduit à arracher les mauvaiſes herbes, & à donner quelques labours aux plate-bandes. Alors on fait faucher la fanne de la garance ; elle fournit un excel- lent fourrage pour les vaches, qui, au moyen de cette nourriture, donnent beaucoup de lait, d'une

couleur un peu rouge, mais dont le beurre eſt jaune
& de bon goût. Après cette petite récolte, on fera
bien de donner encore un petit labour aux plate-
bandes, principalement dans la vûe de les tenir en
bonne façon, parce que c'eſt à cet endroit qu'on
doit former les planches l'année ſuivante.

Manière d'arracher les racines de garance.

LES racines ſont la partie vraiment utile de la
garance : ce ſont elles qui doivent dédommager le
Propriétaire de toutes ſes avances ; ainſi la récolte
des garancières ſe fait en tirant les racines de terre.

Après pluſieurs tentatives, rien n'a mieux réuſſi
que de renverſer avec la houe la terre des planches
dans les plate-bandes : s'il y a des mottes, l'ouvrier
les caſſe avec ſa houe, & il tire les racines qu'il jette
ſur le terrein, où des femmes les ramaſſent dans des
paniers ou dans leurs tabliers.

Si dans le temps qu'on fait cette opération, la
terre ſe trouve ſèche, les racines ſont aſſez nettes de
terre pour être tranſportées au logis ; mais ſi la terre
étoit humide, il y en a qui lavent les racines, comme
les femmes font l'herbe qu'elles ramaſſent l'Automne
avant de la donner à leurs vaches. Il convient d'éviter
de laver ainſi les racines ; outre que cette opération
eſt pénible, elle les altère beaucoup, principalement quand les racines ſont vertes, le ſuc colorant
ſe diſſout aiſément par l'eau, & l'on s'en aperçoit
bien par la couleur que prend l'eau où on les lave ;
ſa couleur rouge annonce un déchet conſidérable de
la partie utile : ainſi il faut ſe contenter d'emporter la
terre avec les mains. L'étuve & le fléau, dont nous

parlerons dans la fuite, acheveront de nétoyer fuffifamment les racines.

A mefure que les racines font arrachées, des
femmes les étendent fur un pré; car s'il fait du vent
ou du foleil, on fera bien d'en profiter pour commencer à les deffécher avant de les tranfporter à la
maifon. Pour faire ce tranfport fans rien perdre, on
garnit de toile une charrette à ridelles, & on la remplit de racines. A mefure que les racines arrivent au
logis, on les étend dans des greniers, ou fous des
halles, & on ne perd point de temps pour les mettre
dans une étuve, qui achève de les deffécher affez
pour qu'elles ne courent point rifque de fermenter
& de fe gâter. Sans doute qu'on diminueroit une
partie des frais de l'étuve, fi les racines étoient un
peu defféchées fur le pré; mais pour cela il feroit
plus à propos de ne les tirer de terre qu'au Printemps,
comme nous le dirons dans la fuite.

La garance diminue ordinairement à l'étuve de
fept huitièmes, de forte que huit cens livres de
garance verte ne fourniffent que cent livres de fèche.
Nous traiterons féparément de l'étuve : il fuffira pour
le préfent d'avertir qu'il faut donner affez de chaleur, pour qu'un Thermomètre de M. de Reaumur,
placé au centre de l'étuve, marque 24 à 28 degrés
au deffus du terme de la glace, & pas davantage;
car il eft mieux de laiffer plus long-temps la garance
dans l'étuve, que de précipiter le défféchement par
une chaleur trop vive; & la qualité de la garance en
feroit bien meilleure, fi on pouvoit la deffécher
entièrement au foleil, ou même à l'ombre, par la
feule action du vent.

C iij

On connoît que la garance est suffisamment desséchée, quand en la ployant elle rompt net après avoir un peu plié; mais il faut être averti qu'elle continue à se dessécher, lorsqu'au sortir de l'étuve on l'étend, à une petite épaisseur, dans un grenier sec; car l'humidité réduite en vapeurs se dissipe d'elle-même.

Quand les racines sont presque refroidies, on les pose sur des claies fort serrées, & on les bat avec un fléau léger; on les vanne ensuite pour débarrasser les grosses racines des chevelues, d'une terre fine que l'action de l'étuve rend aisée à détacher, & d'une partie de l'épiderme. Toutes ces matières, qui altéreroient la qualité des bonnes racines en rendant les teintures moins brillantes, restent sous les claies ou au fond du van. Les petites racines nettoyées de la terre & d'une partie de l'épiderme, se nomment le *billon*, qui peut être rejeté comme inutile, quoiqu'en Hollande on l'emploie à des teintures communes.

Un arpent doit fournir au moins trois cens livres de garance sèche. On la vend à Orléans soixante livres le quintal; ainsi le produit d'un arpent cultivé pendant dix-huit mois, doit être de cent quatre-vingts livres, sur quoi il faut déduire les frais de culture : on ne peut le faire exactement; mais on n'exagérera pas, si on évalue le profit net à soixante livres par arpent.

Le produit de trois cens livres de garance sèche par arpent, est mis sur un pied trop bas; ce seroit une mauvaise récolte pour un terrein médiocre : on peut compter, sans trop promettre, qu'un arpent produira, année commune, quatre ou cinq cens livres; & suivant une évaluation faite d'après un Mémoire venu de Flandre, le produit d'un arpent de Gâtinois, de

cent perches de vingt pieds, devroit être de mille
à onze cens livres; mais ce produit doit beaucoup
varier fuivant la nature des terres & la circonftance
des faifons.

Lorfque le terrein eft entièrement vuide de garance, on le laboure en entier pour y remettre de la
garance, comme la première fois, ayant l'attention de
placer les planches au milieu de l'efpace où étoient les
plate-bandes: au refte, on fe conforme entièrement
à ce qui a été marqué pour la première plantation.

Dix-huit mois après, quand cette feconde garance
eft récoltée, on difpofe le terrein à être femé en
grain, & on peut être affuré d'abondantes récoltes;
car la garance n'épuife pas le terrein, & les labours
répétés qu'on a été obligé de donner à la terre, la
difpofent admirablement bien pour toutes fortes de
productions. Nous en parlerons encore dans la fuite.
Néanmoins on pourroit continuer à remettre de la
garance dans le même champ, ayant la précaution
de le fumer; mais je crois qu'on préferera de faire
d'abondantes récoltes de grain.

Choix de la Garance en racines.

Les Marchands & les Teinturiers doivent être
inftruits des marques qui font diftinguer les bonnes
racines de garance d'avec les mauvaifes; néanmoins
nous avons cru devoir les rappeler ici en faveur des
Cultivateurs, ne fût-ce que pour les mettre à l'abri
des reproches mal fondés que les acquéreurs pourroient faire à leurs racines de garance, pour fe la
procurer à meilleur compte. Il fera plus facile de
juger des fignes auxquels on reconnoît la bonne

garance, lorfqu'on aura dit un mot des qualités qui la conftituent telle.

Cette racine, un des meilleurs ingrédiens qu'on puiffe employer pour la teinture, fournit une couleur rouge, mais ce rouge n'eft pas pur; il eft altéré, comme l'a dit M. Hellot, par le *fauve*, couleur propre aux parties ligneufes de prefque toutes les racines.

M. de Tournière, qui s'occupe agréablement des recherches de Phyfique qui peuvent être utiles aux Arts, a remarqué que cette couleur fauve eft moins adhérante aux fils des étoffes, que le rouge; ce qui eft prouvé par les bons effets que produifent les leffives & l'avivage, qui embelliffent confidérablement le rouge de la garance, en détruifant le fauve qui l'altéroit. La rofée & le foleil produifent le même effet fur les fils teints avec la garance qu'on expofe fur le pré.

M. de Tournière a encore remarqué que ces molécules rouges, fi folides fur les étoffes, font beaucoup plus délicates dans la racine même qui contient un mucilage auquel elles paroiffent appartenir ou devoir leur confervation; car la garance fraîche contient beaucoup d'humidité, principalement dans fon écorce, qui renferme plus de molécules rouges que le refte. Pour empêcher la fermentation, on eft obligé de la deffécher au point qu'elle perd plus des trois cinquièmes de fon poids *; alors elle n'eft qu'en partie defféchée, car elle plie avant de rompre, elle s'écrafe fous le pilon au lieu de fe réduire en poudre; la poudre, onctueufe au toucher, fe pelote aifément;

* Il nous a paru que pour qu'elle fût bien defféchée, il falloit qu'elle perdit fept huitièmes de fon poids.

en

en vieilliffant, elle perd cette humidité, mais auffi la qualité des molécules rouges diminue, & elle fournit une couleur moins belle.

Concluons de ce qui vient d'être dit : 1.º que comme les racines de garance ont une grande difpo-fition à fermenter, il faut examiner avec attention fi elles n'ont point quelques taches de moifi, ou même fi elles n'en ont pas l'odeur ; car les racines qui ont un commencement de pourriture, font peu propres pour les teintures. Quelque peu de temps qu'elles effuient de l'humidité, elles en font fenfible-ment altérées, & deviennent plus ou moins noires.

2.º Puifque les racines qui ont long-temps refté en magafin, fourniffent moins de matière colorante que les nouvelles, on doit rebuter celles qui répandent de la pouffière quand on les rompt, & encore plus celles qui font cariées ou piquées par les vers ; & il convient de donner la préférence à celles qui ont une odeur forte, tirant un peu fur celle de la racine de régliffe, elle indique qu'elles font nouvelles.

3.º Puifque la garance fe vend au poids, il eft avantageux à l'acquéreur, que les racines foient bien fèches ; mais il doit prendre garde qu'elles n'aient point été trop échauffées à l'étuve, cette circonftance eft effentielle : ordinairement la garance qui a beau-coup d'odeur, n'a point ce défaut. Un déffèchement trop précipité fait rider & fendre l'écorce, & lorf-qu'on vient à la remuer, ce qui eft indifpenfable, l'écorce fe détachant de la fubftance ligneufe, on perd la partie la plus utile de la racine ; ainfi l'écorce doit être unie, liffe, & parfaitement adhérente à la partie ligneufe.

D

4.° Les plus groffes racines ne font pas toûjours les meilleures; affez fouvent elles font jaunes, & la partie rouge, qui feule fournit la couleur, y eft peu abondante. Les racines fort menues ne font pas eftimées, parce qu'elles ont trop de cet épiderme qui ternit la couleur rouge; mais les racines peuvent être de bonne qualité depuis la groffeur d'une plume à écrire, jufqu'à celle de l'extrémité du petit doigt.

5.° En rompant les racines de garance, on aperçoit, comme nous l'avons dit, deux fubftances affez diftinctes l'une de l'autre; l'une qui tire fur le jaune, ne fait qu'altérer la teinture; l'autre, qui eft d'un rouge foncé, eft la partie vraiment utile; ainfi on doit donner la préférence aux racines qui font hautes en couleur. L'écorce doit être d'un rouge foncé, & l'intérieur d'un jaune orangé vif.

Enfin, comme le plus fûr moyen de reconnoître la qualité de la garance eft d'en faire quelques petits effais fur des morceaux d'étoffe, ceux qui cultivent beaucoup de garance, feront bien de s'accoûtumer à la foûmettre à cette épreuve, afin d'être en état de prouver aux acquéreurs la bonne qualité de leurs racines.

Méthode pour faire des effais de la Garance.

Suivant l'art de la teinture de M. Hellot, il faut, pour teindre une livre de laine filée, faire un bain avec cinq onces d'alun & une once de tartre rouge fondus dans fuffifante quantité d'eau. On laiffe la laine filée bien humectée de la diffolution de ces fels pendant fept à huit jours; enfuite, pour teindre cette laine, on jette une demi-livre de racine de garance en poudre dans de l'eau chaude, mais dans laquelle on puisse encore tenir la main sans se brûler, & ayant bien mêlé la poudre dans l'eau avec une spatule de bois, on plonge la laine dans ce bain, qu'on entretient chaud pendant une heure, ayant soin qu'il ne bouille pas, parce que s'il bouilloit, la couleur de la laine seroit terne : néanmoins, vers la fin de l'opération, l'on échauffe le bain jusqu'à bouillir, & sur le champ on retire la laine.

Comme de très-petites circonstances peuvent faire varier la beauté de la couleur, on fera bien de faire en même temps, & avec la même laine, deux opérations toutes semblables, l'une avec la garance qu'on se proposera d'éprouver, & l'autre avec de belle garance de Zélande : la comparaison des écheveaux teints décidera quelle est la meilleure garance.

Comme on peut faire ces essais sur deux ou quatre onces de laine comme sur une livre, on diminuera la dose des sels & de la garance proportionnellement à la quantité de laine qu'on voudra teindre.

ABRÉGÉ D'UN MÉMOIRE
sur la culture de la Garance aux environs de Lille en Flandre.

QUOIQU'ON puisse avoir confiance en ce que nous avons dit sur la culture de la garance dans le Gâtinois, nous n'hésitons point d'avertir les cultivateurs, que la culture de cette plante est pratiquée depuis long temps & fort en grand dans la Zélande ; ainsi ceux qui se trouveront avoir des correspondances dans ce pays, feront très-bien de s'informer de ce qui s'y pratique au fujet de la garance, pour effayer de fe procurer cette racine en plus grande abondance & à moins de frais. C'eft dans cette vûe que nous inférons ici les réponfes qu'on a faites à un Mémoire de queftions que nous avions envoyé à Lille, pour connoître la culture de la garance aux environs de cette ville.

1.° Quoique des ordres fupérieurs euffent recommandé de ramaffer de la graine de cette plante, on n'a pû réuffir à en avoir, toutes les plantations de garance de ce pays fe faifant par tranfplantation d'un champ à un autre, comme on l'a amplement expliqué en parlant de la culture du Gâtinois.

2.° Pour ce qui eft de la préparation de la terre, on la fume dans le mois de Novembre, & on la laiffe en repos jufqu'au mois de Mars de l'année fuivante ; alors on donne un labour avec les charrues du pays, & quand le guéret eft un peu hâlé, on le herfe pour brifer les mottes. Dans le mois de Mai, on donne un fecond labour très-profond, & on unit la terre avec la herfe ainfi qu'après le premier labour : elle eft alors en état de recevoir la garance, comme nous allons l'expliquer.

3.° On arrache le plant dans un champ de vieille garance, qui doit être voifin de celui que l'on plante, & avec une pioche ou louchette on enterre le plant dans le champ qu'on veut garnir, obfervant que les tiges, qui ont ordinairement un pied de longueur, foient couchées ou inclinées à l'horizon fous un angle d'environ 45 degrés. Les fillons de garance font éloignés les uns des autres de 15 pouces, & les pieds doivent être dans la longueur du fillon, de trois en trois pouces : on laiffe de dix pieds en dix pieds une plate-bande vuide de garance, de 12 à 15 pouces de largeur *.

4.° Le champ étant ainfi difpofé, on couvre la garance de terre, ne laiffant apercevoir que le premier nœud, ou l'extrémité de la plante, qui s'alonge beaucoup jufqu'au mois de Juillet fuivant.

5.° Dans le mois de Juillet, on donne un léger labour à toute la garancière avec un inftrument fort étroit ; mais on a foin de coucher les nouvelles pouffes, & de les couvrir de terre, comme nous l'avons dit dans l'article précédent.

6.° Dans le mois de Mars de la feconde année, on fouille les plate-bandes vuides de plantes à un pied & demi de profondeur, & on emploie cette terre à couvrir les nouveaux jets de garance, obfervant que leur extrémité foit toûjours à l'air.

7.° Dans le mois de Mai fuivant, les pouffes de garance étant élevées d'un pied de hauteur, on arrache le plant dont on a befoin pour former de nouvelles garancières. Le refte des jets qui font en terre, fe fortifie jufqu'au mois d'Août, qu'on fauche cette herbe pour la donner aux vaches.

8.° Dans le mois d'Octobre, les Payfans arrachent les racines, & les vendent fraîches à ceux qui ont des étuves & des moulins. On voit par ce détail abrégé, que la culture de la garance aux environs de Lille ne diffère pas beaucoup de celle que nous avons pratiquée dans le Gâtinois.

---

* Ceci a été exécuté à Corbeil; mais on eut beaucoup mieux trouvé de faire des planches vuides & des planches garnies de plant, comme il a été dit.

Quelques Réflexions qui pourront être utiles à ceux qui entreprendront la culture de la Garance.

CE qu'on a rapporté fur la culture de la garance dans le Gâtinois, étant éprouvé depuis plufieurs années, fur-tout à la terre de Mrs de Corbeil, près Montargis, on peut y avoir confiance; mais on n'a garde de penfer que cette culture ne puiffe pas être perfectionnée : loin de cela, on invite ceux qui l'entreprendront, à faire de petits effais qui pourront les mettre en état de diminuer les frais, & peut-être de recueillir de meilleures racines. C'eft dans la vûe de les mettre fur la voie de ces recherches, que nous avons cru devoir inférer ici les réflexions fuivantes.

1.° Il a été dit qu'on ménageroit bien mieux la qualité des racines, fi on pouvoit éviter de les laver, & s'il étoit poffible de les deffécher fuffifamment par le foleil & le vent. Pour éviter de laver les racines, il paroît que le mieux feroit de ne les arracher qu'au Printemps ; la terre, moins boueufe dans cette faifon qu'en Automne, s'attacheroit peu aux racines, & ce qui y refteroit, fe détacheroit avec le billon, quand au fortir de l'étuve on battroit les racines avec le fléau fur des claies, & tout le plant qu'on mettroit à part pourroit être planté fur le champ pour faire une nouvelle garancière.

2.° Le foleil n'eft pas affez fort dans notre climat pour qu'on puiffe efpérer de deffécher affez la garance pour être réduite en poudre fans le fecours des étuves : c'eft pour cette raifon que nous donnerons la conftruction de différentes étuves; mais nous penfons qu'en n'arrachant les racines qu'au Printemps,

on pourroit dans cette faifon hâleufe emporter par
le vent & le foleil la plus grande partie de l'humidité,
de forte qu'on diminueroit beaucoup les frais de
l'étuve ; & le feul inconvénient qui s'y trouve, eft
la difficulté d'avoir des ouvriers dans cette faifon.

Je voudrois donc qu'auffi-tôt que les racines feroient arrachées, on les tranfportât, comme il a été
dit, auprès de l'étuve, qu'on les étendît à une petite
épaiffeur fur une peloufe unie & fort expofée au foleil
& au vent, & qu'on les retournât de temps en temps :
une pluie paffagère ne leur feroit aucun tort ; mais
comme des pluies continuelles pourroient les endommager, il feroit bon de les en garantir en les mettant
fous des hangards ou dans des greniers. On dira
peut-être qu'il en faudroit de bien vaftes ; mais je ne
vois pas ce qui obligeroit d'arracher tout de fuite
toute fa garance. Je crois donc qu'il feroit à propos,
pour éviter de la voir s'altérer par la fermentation, de
n'en arracher qu'une partie qu'on pourroir faner &
étuver en peu de jours ; c'eft-là où le cultivateur fera
bien de varier fa pratique, fuivant la circonftance des
faifons. Si le hâle & la féchereffe paroiffent devoir
durer, il arrachera beaucoup de garance pour profiter
du hâle, qui lui épargnera bien de la peine & de la
dépenfe, & qui rendra fes racines plus parfaites : fi
la faifon eft humide, il n'en arrachera que la quantité
qu'il pourra ferrer dans fes bâtimens, & étuver en peu
de jours. Et la récolte de la garance pourroit durer
depuis le mois de *Septembre* jufqu'à celui d'*Avril.*

3.° M. de Corbeil ayant été obligé de quitter fa
terre pour plufieurs mois, trouva fes garancières
tellement remplies d'herbes, qu'il crut tout perdu.

Comme il ne lui étoit pas poffible d'avoir affez d'ouvriers pour labourer à bras une vingtaine d'arpens, & craignant de plus de s'engager dans des frais confidérables & inutiles, il prit le parti de faire labourer fes planches avec le cultivateur qui fera décrit à la fin de ce Mémoire, & par ce moyen, qui lui coûta peu, il fauva fa garance.

Le fuccès de cette épreuve, que la négligence de fes ouvriers l'ont forcé de faire, lui fait croire qu'il feroit poffible de beaucoup diminüer les frais de culture, en faifant une grande partie des travaux avec la charrue : voici comme il conçoit cette culture.

Le champ étant bien labouré & herfé, il faut le divifer par planches de deux pieds de largeur; une de ces planches ferviroit alternativement à recevoir les plantes, & l'autre les plate-bandes. On formeroit avec la petite charrue, au milieu des planches, un fillon feulement de quatre pouces de largeur, & on feroit le joug affez long pour que les bœufs éloignés l'un de l'autre de deux pieds & demi, ne marchaffent point fur les planches.

On coucheroit le plant dans ce fillon, ne mettant que deux pouces de diftance d'un plant à l'autre, & les pofant alternativement l'un fur la droite, l'autre fur la gauche du fillon : on les couvriroit de terre avec la houe, ne laiffant paroître que deux ou trois doigts de l'extrémité de chaque provin.

Quinze jours ou trois femaines après, quand les pieds auroient pouffé de plus d'un pied de hauteur, on pafferoit un trait de charrue de chaque côté du plant pour mettre la terre en façon, puis on coucheroit à la main les tiges de droite & de gauche pour

garnir

garnir toute la largeur de la planche, ayant foin que l'extrémité des tiges foit hors de terre ; quand elles auront pouffé, elles repréfenteront comme deux filets de buis plantés le long d'une plate-bande de jardin. Si l'année étoit fèche, on pourroit labourer les plate-bandes à la charrue, renverfant la terre du côté des planches, & enfuite avec une houe jeter de la terre fur les planches : ou au moyen d'une herfe qu'on feroit paffer fur le tout, on porteroit une partie de cette terre remuée fur les plantes, mais il faudra que les dents de la herfe foient affez courtes pour ne point tirer de terre les brins couchés. Au refte, il n'y a pas à craindre d'endommager la fane de la garance.

Si l'année eft humide, on fera obligé de jeter avec la houe une partie de la terre des plate-bandes fur les planches ; & fi on a fait à bras deux fois cette opération, l'on pourra labourer le deffus des planches avec la charrue, comme M. de Corbeil l'a fait cette année avec un fuccès admirable, ayant fingulièrement attention que le foc n'attrappe pas les brins couchés. L'abandon où on l'avoit laiffé fa garance auroit caufé un dommage irréparable faute d'ouvriers, s'il ne s'étoit pas avifé de la labourer ainfi avec la charrue légère & le cultivateur. Le grand fuccès de fa tentative le perfuade que des gens attentifs & intelligens pourront diminuer beaucoup la dépenfe, en faifant une partie des cultures avec la charrue, à peu près comme nous venons de l'expliquer ; mais on n'oubliera pas que cette ébauche de culture à la charrue n'a été pratiquée qu'en partie par M. de Corbeil.

4.° Comme la garance peut fe tranfplanter dans toutes les faifons de l'année, on fera bien de profiter

des temps de pluie pour regarnir les endroits où
une partie du plant auroit péri.

DES ETUVES

pour deffécher les racines de Garance.

Puisque les racines fraîches de garance font
fujettes à s'altérer promptement, il faut fe procurer des
moyens pour enlever l'humidité qui occafionne la
fermentation. Si dans le temps de la récolte il faifoit
du foleil & du vent, on feroit bien d'étendre les
racines fur un terrein fec, pour enlever une portion
de l'humidité, ce feroit une partie de l'ouvrage faite
fans frais; mais fi le temps étoit plus humide que hâleux,
il faudroit étendre les racines, à une petite épaiffeur,
fous une halle ou dans un grenier, & les remuer
fouvent; car fi on les mettoit en tas, elles s'échauf-
feroient en très-peu de temps, & s'altéreroient plus
ou moins, fuivant les degrés de fermentation qu'elles
auroient éprouvés.

Ces moyens ralentiffent bien la fermentation, mais
ils ne procurent pas un deffechement fuffifant; il faut
employer l'action d'une chaleur artificielle.

Lorfque les récoltes font petites, on peut employer
la chaleur d'un four, pourvû qu'elle n'excède pas 35
degrés du thermomètre de M. de Reaumur, mais ce
moyen eft bien long; ainfi, quand les récoltes font
un peu confidérables, il faut de néceffité fe pourvoir
d'une étuve dont la grandeur foit proportionnée à la
quantité de garance qu'on cultive.

On peut donner à ces étuves bien des formes différentes, entre lefquelles plufieurs fe trouveront auffi

bonnes les unes que les autres ; mais ceux qui auront deffein d'en faire conftruire, doivent fe propofer pour objet ; 1.° de faire en forte qu'elles contiennent beaucoup de racines ; 2.° que le fervice en foit commode ; 3.° d'économifer, le plus qu'il fera poffible, les matières combuftibles ; 4.° de la difpofer de façon qu'on puiffe y entretenir une chaleur modérée & égale. Afin de mettre les cultivateurs en état de conftruire ces fortes d'étuves, nous allons donner les plans & la defcription des étuves qu'on emploie depuis long temps à Lille, pour deffécher les racines de garance : nous ferons remarquer leurs défauts & ceux de deux étuves qui ont été fucceffivement conftruites à Corbeil ; enfin nous donnerons le projet d'une étuve conftruite fur les mêmes principes que celle de Lille, mais perfectionnée.

Defcription de l'Etuve de Lille.

CETTE étuve diffère peu de celle que les Braffeurs emploient pour deffécher leur orge germée ou la drèche, & qu'on nomme dans les brafferies *Touraille.* Pour en prendre une idée générale, il faut imaginer qu'on fait un grand feu dans un fourneau qui eft établi dans un foûterrein : l'air chaud & la fumée s'élèvent dans une tour à jour *, qui eft établie au deffus du fourneau, & elles fe répandent dans un efpace formé en entonnoir ou en pyramide renverfée, dont la bafe eft couverte par un plancher à jour, fur lequel on étend les racines de garance ; mais ces généralités ne fuffifant pas, il faut expliquer plus en détail la conftruction de cette étuve.

* Cette tour fe nomme dans les Brafferies *la Touraille.*

La *Figure 2* repréfente la coupe d'un bâtiment, dans lequel on a pratiqué une étuve propre à fécher la garance. On diftingue dans ce bâtiment une cave *K*, un raiz-de-chauffée *L*, & un premier étage *G*, qui fuppofe un grenier au deffus, quoiqu'il ne foit pas repréfenté. L'étuve, dans fon plein de maçonnerie, eft fondée un peu au deffous du niveau de la cave; fes murs fe terminent en voûte au niveau du plancher du premier étage; les murs de face du bâtiment fervent de piédroits: on voit auffi que les voûtes de l'étuve font foûtenues par des contre-forts qui aboutiffent dans les murs de face dudit bâtiment.

Explication des lettres pour l'intelligence de cette Planche.

A, cendrier de deux pieds d'ouverture fur trois & demi de profondeur, & deux pieds trois pouces de hauteur, qui reçoit les cendres des matières qu'on brûle dans le fourneau. *B*, fourneau terminé en bas par un grillage de fer, fur lequel on pofe les matières à brûler. *C*, ligne ponctuée qui détermine le haut d'une porte de tôle fermant l'entrée du fourneau: cette entrée a 16 pouces de largeur fur 17 de hauteur. *D*, cheminée du fourneau *B*, ou tourelle à jour qui reçoit la chaleur dudit fourneau, & la répand dans fon pourtour par les trous ou efpaces vuides cotés *I*. On remarquera que cette cheminée eft totalement couverte à fon couronnement, pour empêcher qu'il ne tombe quelque chofe dedans.

I, trous de deux pouces en carré, par lefquels fort la chaleur; ils font faits en échiquier, comme on le voit par des briques pannereffes. *F*, efpace vuide dans lequel fe répand la chaleur qui fort de la

tourelle, avant de monter à l'étage coté *G. G*, étage
pavé de carreaux, fur lefquels on étend à un pied &
demi d'épaiffeur les racines qu'on veut fécher *. Ces
carreaux font de terre cuite; ils ont 15 pouces de
longueur fur 10 & 11 de largeur, & 2 pouces d'é-
paiffeur; ils font percés de plufieurs trous de figure
conique, comme on les repréfente ici.

H, ouras ou tuyaux de 4 pouces d'ouverture, par
lefquels fort la fumée quand elle eft trop abondante,
& par lefquels auffi defcendent les parcelles qui fe
tamifent par les trous des carreaux du plancher *G*. Ces
ouras font fermés par une petite porte de tôle qu'on
ouvre quand la chaleur du fourneau eft trop grande.

K, cave qui fert aux approvifionnemens pour l'entretien du feu de l'étuve. *L*, chambre où l'on retire
les tonneaux de garance pilée, & où elle fe conferve
féchement. *M*, fommiers de fer de 2 pouces d'é-
paiffeur, recouverts de barreaux en travers, fervans à
porter les carreaux qui forment le plancher. *N*, tirans
de fer attachés au fommier *P*, pour foûtenir le poids
du plancher *G. P*, fommier du fecond étage. *Q*, croifées ou fenêtres que l'on ouvre au commencement
de chaque étuvée, pour laiffer diffiper la fumée. On
ferme ces croifées quand la garance commence à fe
fécher, pour mieux retenir la chaleur. Il y a encore
au fecond plancher deux trappes, qu'on ouvre pour
laiffer échapper la fumée & les vapeurs.

La *Figure 3* repréfente le plan d'un fourneau d'é-
tuve, coté relativement à la feuille précédente. Le
fourneau a 16 pouces de largeur fur 3 pieds 7 pouces

* On remue de temps en temps la garance avec des fourches de
fer, pour qu'elle féche également.

de profondeur : les trois barres de fer qui le traverfent, ont chacune $2\frac{1}{2}$ pouces de largeur fur 6 lignes d'é-paiffeur ; elles font empatées de 3 pouces dans le mur : les barreaux de recouvrement ont un pouce en carré, & font rivés en deffus & en deffous. On a exprimé dans ce plan les deux ouras cotés *H*, pour faire connoître qu'ils traverfent l'étuve dans toute la largeur du fourneau. Ces ouras font très-utils pour tranfmettre dans la touraille la chaleur du corps du fourneau.

La *Figure 4* repréfente le plan de l'étage carrelé fur lequel on étend la racine de garance, pour la faire fécher ; il a 16 pieds en carré. On a donné ci-devant la conftruction des carreaux : il a été dit auffi qu'on ouvroit les fenêtres cotées *Q*, pour laiffer fortir la fumée ou vapeur que répandent les racines de garance à mefure qu'elles fe fèchent, & qu'on les refermoit enfuite pour entretenir la chaleur.

Comme le fourneau que nous venons de décrire eft femblable aux tourailles des Braffeurs, j'ai voulu exa-miner comment elles agiffent pour deffécher le grain germé, & j'ai remarqué que le grain qu'on y met à l'épaiffeur d'environ 9 pouces, eft très-chaud par deffous ; la liqueur du thermomètre de M. de Reaumur s'y eft élevée à plus de 20 à 22 degrés au deffus de zéro ; mais le deffus, qui eft frappé par l'air extérieur, s'échauffe peu ; les vapeurs qui s'élèvent des grains qui occupent les deffous, étant condenfées à la fuperficie par le contact de l'air frais, fe réduifent en eau, & font que les grains de deffus font toûjours très-mouillés ; ce qui engage les Braffeurs à remuer fréquemment les grains de leurs tourailles, pour expofer à la grande action du feu ce grain fort humide du deffus, & mettre à la fuperficie celui du deffous qui étoit fort chaud. Mais quand il vient à être échauffé, l'humidité de ce grain, qui fe réduit en vapeurs, humecte de nouveau le grain qu'on a mis à la fuperficie, & le deffèchement de la maffe en eft confidérablement retardé. J'ai jugé qu'on obvieroit à cet inconvénient, fi on pouvoit empêcher l'air frais de frapper la fuperficie du grain : on y parviendroit en établiffant une couverture fur toute la fuperficie du grain ; & fi cette couverture pouvoit être placée à un pied au plus au deffus du grain, il en pourroit réfulter un autre avantage que je vais expliquer.

On fait en Phyfique que les vapeurs des corps qu'on expofe à la chaleur, ont une grande puiffance pour pénétrer & échauffer les corps qu'on y expofe, lorfqu'on retient ces vapeurs, & qu'on les réverbère en quelque forte fur les corps qu'on veut échauffer. C'eft fur ce principe qu'eft conftruite la machine de Papin, dans laquelle on peut diffoudre les os des animaux, & on fait qu'à un degré égal de chaleur, l'eau a huit cens fois plus d'activité que l'air : or les vapeurs contiennent beaucoup d'eau*.

En partant de ce principe, nous avons jugé qu'il feroit très-avantageux de réverbérer les vapeurs fur le grain des Braffeurs & fur la racine de garance par le couvercle dont nous avons parlé. M. Villot, marchand Braffeur du fauxbourg Saint-Antoine, qui faifit

---

*Nous pourrions rapporter des expériences que nous avons faites en grand pour attendrir les bois par la vapeur de l'eau, & on peut confulter celles que nous avons rapportées dans le V.ᵉ volume du Traité de la culture des Terres, *page* 355.

avec empreſſement toutes les idées qui lui paroiſſent propres à perfectionner la bière qu'il fait, a tenté quelques épreuves de ce que nous venons de rapporter, & il a eu du ſuccès; il ne s'agit plus que de trouver le moyen de faire uſage de ce principe pour une grande fabrique : nous en parlerons dans la ſuite.

Un grand défaut de l'étuve de Lille eſt que la fumée qui ſe mêle avec l'air chaud, & qui traverſe les racines de garance, les charge de fuliginoſités qui altèrent probablement la partie colorante, & pro-duiſent peut-être la différence qu'on remarque entre les garances qui viennent du Levant & celles de Lille, celles-ci n'étant point propres, comme on l'a dit, à teindre les cotons à la manière du Levant : de plus, on n'eſt point maître de bien graduer le feu dans ces ſortes de tourailles. On pourroit corriger ces défauts en faiſant la tour du milieu cloſe, & la terminant par un tuyau de fer fondu ou de forte tôle, qui porteroit la fumée dehors, & on pourroit ſe diſpenſer de faire le plancher avec des barreaux de fer & des carreaux; un plancher de bois latté ou garni de claies ou d'un grillage, ſeroit ſuffiſant; car ſi-tôt que la tour ſera cloſe & terminée par un tuyau, on ne craindra point le feu. Pour qu'on puiſſe varier la conſtruction de ces étuves, nous allons joindre des réflexions & des obſervations qui ont été faites avec beaucoup de ſoin par M. de la Levrie, qui a ſuivi la conſtruction de deux étuves à Corbeil, & l'uſage qu'on en a fait pour deſſécher la garance ; ce qui nous a mis en état de connoître les perfections qu'on peut donner à l'étuve de Lille.

Réflexions

Réflexions fur l'étuve qu'on emploie à Lille.

Il est bon de commencer par rapporter les expériences qu'on a faites avec deux étuves qui ont été
conftruites l'une après l'autre à Corbeil, pour deffécher la garance ; on en comprendra mieux l'avantage
de celle qu'on propofera enfuite.

La première de ces étuves avoit 21 pieds de long,
12 de large, 10 de haut; elle étoit garnie dans le
pourtour, de trois rangs de tablettes de 4 pieds de
largeur, faites avec des claies ; elles étoient à diftance
de 20 pouces l'une de l'autre, le premier rang étoit
à 5 pieds de terre : c'étoit fur ces tablettes qu'on
mettoit la garance fraîche, à 8 pouces environ d'é-
paiffeur. Il y avoit au plancher fupérieur une trappe
qu'on ouvroit pour laiffer exhaler l'humidité de la
racine. Le fourneau, qui n'étoit pas fans défaut, étoit
faillant d'environ 3 pieds dans l'étuve ; on le fervoit
par dehors, il étoit garni intérieurement de tuyaux de
fonte qui circuloient entre deux feux ; ils recevoient
par un bout l'air extérieur, qu'ils rendoient en dedans
très-chaud, par une ouverture qui étoit à 2 pieds de
terre. Voici l'effet de cette étuve : les trois étages
étant garnis de racines, celles qui étoient fur l'étage le
plus élevé, féchoient fuffifamment pour aller au moulin,
lentement à la vérité, parce que l'évaporation, quoique
peu confidérable, qui fe faifoit fur les deux étages
inférieurs, fourniffoit par deffous les claies du troifième rang une humidité qui retardoit l'opération.
La chaleur, qui n'avoit pas affez de force pour faire
monter en vapeurs toute l'humidité contenue dans
la garance des deux premiers étages, en avoit affez

F

pour la faire fuer au point que le deffous des claies
étoit plein de gouttes d'eau, groffes comme le bout
du doigt, qui tomboient de la feconde tablette fur
la première, où elles mouilloient la racine ; celles
de la première tablette tomboient à terre. Ces gouttes
d'eau ne paroiffoient que très-peu à la tablette d'en-
haut, & feulement immédiatement après qu'on avoit
regarni l'étuve de nouvelles racines, parce qu'au haut
de l'étuve la chaleur fe répandoit bien plus également, & y étoit toûjours très-forte, pendant qu'à terre
il faifoit froid. On avoit mis à chaque étage un thermomètre de M. de Reaumur : après quatre jours d'un
feu continuel, le plus bas montoit à peine à 18 degrés ;
le fecond, un peu plus haut ; le plus élevé n'a jamais
paffé 27 degrés, chaleur qu'on croit prefque fuffifante
lorfqu'on n'aura pas une évaporation inférieure qui
retarde l'effet de la chaleur qui fe porte en haut. Ce
qui le prouve, c'eft qu'après avoir porté au moulin
la racine fuffifamment féchée, on tranfportoit fur le
troifième étage celle du fecond déjà efforée ; fur
celui-ci, celle du premier encore molle, & on mettoit
fur ce premier de la racine fraîche : alors le thermomètre d'en bas defcendoit au deffous de 14 degrés,
& le plus haut auprès de zéro. Cela fit prendre le
parti de laiffer fécher tout ce qu'on mettoit dans
l'étuve, avant que de remettre de nouvelles racines ;
mais il falloit toûjours faire le tranfport des étages bas
au plus élevé, où la dernière féchoit plus vîte que les
autres. Comme cette manœuvre étoit longue & pénible, cette étuve fut détruite pour en conftruire une
autre qui fert actuellement.

Cette feconde étuve a même longueur & même

largeur que la précédente ; mais les claies fur lefquelles
on étend la garance ne font qu'à 6 pieds de terre, &
les ouvertures du fourneau, qui donnent l'air chaud,
font auffi au ras de terre ; d'ailleurs on a continué
à fe prévenir du faux avantage de tripler la fuperficie
pour faire tenir plus de racines, en faifant, comme
dans l'autre, trois étages de tablettes. Il eft vrai que
les racines y fèchent plus vîte, parce que le fourneau
donne plus de chaleur ; mais cette chaleur fe diftribue
très-inégalement dans les différentes hauteurs & dans
les différentes parties de la longueur de l'étuve, parce
que les mêmes inconvéniens fubfiftent, puifque l'on
a fait plufieurs étages les uns au deffus des autres,
& qu'on a donné à l'étuve une forme longue fans
en faire parcourir toute l'étendue au fourneau ; & de
plus on a mis le plancher du premier étage trop près
du feu, ce qui n'eft pas fans remède, puifqu'on
peut fupprimer ce plancher, & ne fe fervir que du
fupérieur, qui fera à 15 pieds du bas de l'étuve, & qui
en comprendra toute l'étendue : alors la chaleur s'é-
tendra plus également dans toute fa longueur. On
mettra la racine fur 15 ou 18 pouces d'épaiffeur, & on
la foignera avec plus de facilité que fur les tablettes,
dont le fervice eft extrêmement pénible. On pourroit
auffi mettre deux fourneaux, un à chaque bout de
l'étuve, & faire ramper les tuyaux dans toute fa
longueur.

De tous ces faits, il réfulte que pour deffécher une
plante qui contient beaucoup d'humidité, on ne
gagnera jamais rien à faire une étuve à trois étages :
l'un nuira toûjours à l'autre, puifque la chaleur gagnant
néceffairement le plus haut, il faudra tranfporter la

racine des étages inférieurs aux fupérieurs; ce qui ne fe fait pas fans peine, fans perte de temps & fans dépenfe, au lieu qu'on féchera la même quantité en moins de temps fur un feul plancher élevé de 18 ou 20 pieds au deffus du fourneau.

Il eft fûr que le payfan cultivant fa terre en garance fur de bonnes inftructions, en tirera toûjours meilleur parti que celui qui la fera cultiver par des hommes de journée; mais le payfan ne fera jamais ni étuve, ni moulin; c'eft l'affaire des particuliers aifés qui culti-veront en grand, & qui font plus en état de faire une certaine dépenfe; ainfi on préfume que les payfans feront obligés de porter leurs racines à l'étuve, comme ils font leurs raifins au preffoir. On croit cependant qu'il eft toûjours avantageux, dès qu'on a deffein d'engager à une culture peu connue en France, de préfenter aux Cultivateurs des idées fimples, & qui tendent à la moindre dépenfe poffible.

L'étuve de Lille, quoique conftruite fur le bon principe qu'on vient d'établir, ne fe préfente pas fous un coup d'œil d'économie convenable dans tout établiffement nouveau. Il faut de fortes murailles pour foûtenir la pouffée des voûtes, des arcs-boutans inté-rieurs, de la brique pour conftruire ces voûtes. Il y a des campagnes où on ne trouvera pas de maçons qui fachent voûter en brique. Il faut beaucoup de gros fer pour le plancher. D'un autre côté, une étuve de la figure d'un carré long, telle que celle de Corbeil, ne chauffera jamais bien également dans toute fa longueur, à moins qu'on ne mette des tuyaux dans lefquels on faffe circuler la fumée avant qu'elle fe rende dans la cheminée, ou qu'on n'y faffe un

fourneau à chaque bout. Tout cela est de dépense,
& sujet à des inconvéniens.

On pense qu'une étuve dans le goût des tourailles
de Brasseurs *(fig. 5.)* est plus que suffisante, &
pourra être construite par-tout à peu de frais : elle
sera assez grande en la faisant carrée de 18 pieds sur
toutes les faces, de 18 à 20 pieds de hauteur du raiz
de chaussée jusqu'au plancher. On formera dessous ce
plancher une pyramide renversée *A B*, un peu tron-
quée en bas pour l'emplacement qu'il faut laisser à
la tourelle & aux tuyaux qui donneront l'air chaud:
cette espèce de hotte sera faite comme chez les
Brasseurs de Paris, avec des chevrons lattés & en-
duits de plâtre, ou de mortier, ou de torchis, ou de
blanc en bourre, suivant la commodité du pays. Il ne
faut pas un fourneau immense pour échauffer ce lieu,
qui se trouvera réduit presqu'à un tiers de sa capacité.
La nouvelle étuve de Corbeil en contient bien davantage depuis le second plancher jusqu'en bas, & on
n'a pas laissé d'y porter la chaleur jusqu'à plus de 45
degrés. On fera ce plancher *C* de la touraille avec
des solives de 8 & 4 pouces, posées sur champ de pied
en pied, couvert de lattes ou d'échalas de treilla-
geurs, ou simplement de clayonnage, comme on a
fait à Corbeil, où ils durent encore depuis six ans. On
élevera deux pignons, & sur les deux autres faces les
murs ou pans pour porter le bas des chevrons, & on
y laissera deux fenêtres. On fera un plancher plafonné
à 8 ou 9 pieds au dessus du grillage, & on y pratiquera
une ou plusieurs trappes, plus utiles pour l'exhalaison
des vapeurs, que les fenêtres, enfin on lambrissera ce
qui paroîtra des chevrons. On croit que cette étuve

coûtera peu, & fera tout l'effet defiré. On a oublié
de dire que fur le plancher de clayonnage il feroit
bon d'étendre une groffe toile fort claire, ou une haire
de crin, comme les Braffeurs, dont tout le pourtour
fera recouvert par des efpèces de foûbaffemens de toile,
arrêtés tout autour & cloués d'efpace en efpace; ce
qui fera fur-tout fort utile quand on fera fécher à
part les menues racines pour empêcher qu'il n'en
tombe à travers les claies. A un pied au deffus des
racines, on pourra mettre des traverfes de bois, fur
lefquelles on déroulera des nattes de paille piquées
fur de la toile, dans la vûe de retenir les vapeurs,
comme il a été dit plus haut.

Sur le Fourneau de cette Etuve.

LES fourneaux de l'étuve de Lille & de celles de
Zélande ne font fûrement pas bons pour la garance,
ni tous ceux des tourailles des Braffeurs, qui fe reffem-
blent en ce qu'ils rempliffent le lieu d'une fumée
qui ne peut fe diffiper qu'après avoir donné à la
racine un enduit de biftre fort nuifible à la teinture;
c'eft ce qui a donné lieu à rechercher la façon d'en
conftruire un qui en donnant beaucoup de chaleur,
n'eût point cet inconvénient. On y a réuffi par le
moyen des tuyaux circulans entre deux feux, & d'un
cours d'air pris dehors, fuivant le fyftème du fourneau
qui eft décrit dans le Traité de la confervation des
grains.

Pour fe former une idée de ce fourneau, il faut fe
repréfenter *(fig. 5.)* un fourneau *D*, femblable à celui
de Lille, avec une tourelle *E*, mais qui ne foit point
à jour pour que la fumée ne fe répande point fous les

racines, & qui ne soit point aussi élevée, pour que la
chaleur ne se porte point avec trop de vivacité à un
endroit, mais qu'elle se distribue plus uniformément
dans toute la capacité de la touraille. Il partira de cette
tourelle un ou deux tuyaux comme ceux des poêles,
lesquels après avoir circulé sous le plancher qui sup-
porte la garance, iront porter dehors la fumée.

Pour augmenter la chaleur, & précipiter le dessè-
chement des racines par un air nouveau & échauffé,
il conviendroit d'établir au milieu de la tourelle un
poêle à cloche *F,* avec un tuyau *GG* qui prendra
l'air de dehors, & le portera par l'ouverture du
dessous du poêle à cloche dans son intérieur, où il
s'échauffera, & d'où il sortira par les tuyaux *HH,* à
une certaine distance des claies qui supportent les
racines, toûjours pour éviter que la chaleur ne se
porte trop vivement à un endroit.

Il sera bon que l'ouverture du dessous du poêle
qui reçoit l'air du dehors, soit plus grande que le
diamètre du tuyau qui rend l'air chaud dans l'étuve,
& il faudra fermer avec une plaque de fer battu, rivée
sur le poêle, la porte de côté, afin que la fumée n'y
puisse pénétrer.

Il est évident que l'intérieur de la touraille sera
échauffé, 1.º par la chaleur qui s'échappera du corps
du fourneau : c'est pour cette raison qu'on l'a isolé
par les espèces d'ouras qu'on voit sur les côtés, &
cette circonstance exige qu'on ne fasse pas le corps
de ce fourneau trop épais ; il faut néanmoins qu'il
puisse résister à l'action d'un feu continuel. Pour
remplir l'une & l'autre intention, l'on peut faire l'intérieur du fourneau avec une épaisseur de brique

qu'on foûtiendra en mettant dehors des plaques de fer fondu, liées l'une à l'autre par des barres de fer.

2.° Par la chaleur de la tourelle; & pour qu'elle en forte plus abondamment, il faut que les parois en foient minces. Comme l'action du feu n'y eft pas fi vive que dans le fourneau, on pourroit faire cette tourelle avec des briques pofées de champ, ou encore mieux avec du tuileau qu'on fortifieroit extérieurement avec de fortes plaques de tôle.

3.° Par les tuyaux qui déchargent la fumée; & pour profiter de toute la chaleur, on pourra les faire circuler fous le plancher de grillage.

4.° Par l'air qui vient du dehors, lequel s'échauffe dans le poêle à cloche, & fe répandant fous le plancher, établit un courant d'air qui doit être très-avantageux.

A un demi-pied du tuyau qui porte l'air chaud, on pourra mettre une large plaque de tôle, qui empêchera cet air chaud de fe porter trop vivement fur une partie du plancher.

Enfin on fera bien de mettre des regiftres qui puiffent fermer les tuyaux qui déchargent la fumée, afin qu'étant fermés lorfqu'il n'y aura plus que de la braife dans le fourneau, l'air s'entretienne chaud dans la touraille.

Tout ce qu'il y a à craindre, c'eft que le poêle à cloche ne puiffe point fupporter la grande action du feu : on fera bien d'en garantir le fond par des tuiles.

La garance fuffifamment defféchée & mondée de fon billon, comme il a été dit plus haut, peut être vendue en cet état aux Teinturiers; mais fi l'on fe
propofoit

propofoit de la réduire en poudre, ou, comme difent les Teinturiers, *de la grapper*, il faudroit fe pourvoir d'un moulin à pilons, dont nous allons donner la defcription. Ainfi il faut que celui qui entreprend de cultiver de la garance, commence par fe pourvoir d'une étuve, afin qu'elle foit fèche & en état de fervir quand on tirera les racines de la terre ; mais il peut fe difpenfer de faire conftruire un moulin, puifque le Propriétaire trouvera à vendre fa garance en racines fans être moulue. Néanmoins, pour ne laiffer rien à defirer fur tout ce qui regarde la garance, nous allons parler des moulins.

DESCRIPTION

du Moulin à grapper la Garance, tel qu'il eft exécuté à Lille en Flandre.

LA *Figure 6* repréfente le développement des parties d'un moulin propre à piler la racine de garance. Ce moulin eft ifolé, & couvert feulement d'un toit de chaume qui eft porté par une charpente fort légère.

Les *Figures 6, 7, 8, 9, 10 & 11* font des additions à la précédente : on ne peut fe difpenfer d'y avoir recours pour l'intelligence des pièces qui entrent dans la conftruction du moulin ; à cet effet, on s'eft fervi des mêmes lettres pour toutes les figures, & on a repréfenté les principales pièces par autant de figures particulières.

G

Explication des lettres pour l'intelligence des Figures 6 jufqu'à 11, avec le détail des pièces qui entrent dans la conftruction du Moulin.

a, Levier de 9 pieds 8 pouces de longueur fur 6 à 4 de groffeur *. *b*, Arbre de la roue de 6 pieds 4 pouces 6 lignes de hauteur fur 9 à 10 de groffeur. *c*, Liens ou arcs-boutans de 4 pieds 6 pouces de hauteur fur 4 à 5 de groffeur. *d*, Roue dentée de 3 pieds 1 pouce 6 lignes de rayon, percée de 57 dents.

Les Courbes de cette roue ont 8 & 4 de groffeur : on voit qu'elles font liées par des molbandes de fer. Les Traverfes formant l'affemblage, font de 6 à 4 de groffeur, boulonnées & clavetées. Les Dents, qui font de pommier, faillent de 3 pouces 3 lignes; elles ont $2\frac{1}{2}$ pouces fur 2 à leur racine, fe terminant à $2\frac{1}{2}$ pouces fur 1 ; de même elles ont 2 pouces de queue fur $1\frac{1}{2}$ d'équarriffage ; elles mordent dans les fufeaux de la lanterne d'un pouce & demi. Les Chevilles qui les retiennent, font auffi de bois de pommier.

e, Poutre de 12 pouces d'équarriffage. *f*, Lanterne de 13 pouces de rayon, percée de 18 fufeaux d'un pied de longueur chacun, & de 2 pouces de diamètre. Les fonds de la lanterne ont $2\frac{1}{2}$ pouces d'épaiffeur; ils font cerclés de fer. On a employé auffi deux molbandes de fer, boulonnées de même, qui empattent les joints du bois.

g, Arbre ou Hériffon de 18 pieds 6 pouces 6 lignes de longueur, de 10 à 10 de groffeur, paffant par la

---

* Un cheval, taille de Dragons, fait mouvoir très-aifément le moulin dont on donne le détail.

lanterne, & de 14 pouces de diamètre dans sa partie octogone. *h,* Lèves de 4 pouces 9 lignes de longueur sur 5 pouces de face & deux pouces six lignes d'épaisseur. On voit par cette figure, que l'arbre étant hérissé de 15 lèves pour 5 pilons, trois lèves conviennent à chaque pilon. A cet effet, on a eu attention de numéroter du même chiffre les lèves, les mentonnets & les pilons; ce qui sera encore expliqué ci-après.

k, Balanciers ou Volans de 4 pieds 5 pouces de longueur chacun, sur 4 à 4 de grosseur; ils sont chargés de plomb à leur extrémité. *l,* Mentonnets qui conviennent aux lèves *h;* ils saillent de 5 pouces 9 lignes, & ont 5 pouces de face sur $2\frac{1}{2}$ d'épaisseur.

m, autres Mentonnets assemblés dans l'épaisseur du pilon *n,* & qui répondent aux leviers *q.*

n, Pilons de 10 pieds 4 pouces de longueur sur 4 à 4 de grosseur. Ils sont arrondis à leurs extrémités vers les mortiers, & armés d'un sabot de fer de 4 pouces de diamètre, représenté dans la *Figure 11.* On a numéroté ainsi les pilons 1, 2, 3, &c. pour faire connoître dans quel ordre ils battent quand la machine est en mouvement*. *o,* Amoises de 6 à 4 pouces de grosseur, qui soûtiennent les charnières *p.*

p, Charnières de 8 pouces de longueur sur 6 de largeur & 4 d'épaisseur. Ces charnières sont traversées d'un boulon de fer claveté, auquel répond un levier mobile *q,* qui fait effort contre le mentonnet *m,* quand on veut soûtenir le pilon *n* en l'air. *q,* Leviers

---

* Il y a cinq pilons; chacun d'eux étant armé, doit peser environ 112 ou 120 livres. Les pilons sont armés d'un sabot de fer à lames tranchantes.

de 2 pieds 3 pouces 6 lignes de longueur fur 3 à 4
de groffeur, faifant effort contre les mentonnets *M,*
pour foûtenir les pilons en l'air.

r, Prifons de 6 à 8 de groffeur, qui contiennent
les pilons & empêchent qu'ils ne fe dérangent.
f, Poteaux montans de 4 à 4 de groffeur, qui affemblent les amoifes & les prifons. *t,* Mortiers creufés
dans une feule pièce de bois de 16 fur 16 de groffeur;
chacun de ces mortiers eft creufé de 11 pouces,
le plus grand diamètre eft de 7 : on a attention que
le fond en foit garni de plomb fur 3 à 4 lignes d'é-
paiffeur *.

u, Auget pour la manutention, fur lequel on étend
une toile attachée à la prifon, pour empêcher la perte
de la poudre fine lorfque le moulin travaille.

x, Poutre de 12 pouces d'équarriffage; cette poutre
& celle ci-deffus cottée *e* repofent fur les fablières
de la charpente qui affemblent le toit. Les crapaudines
& tourillons font fi fenfiblement repréfentés, qu'on
n'a pas cru néceffaire d'en faire la diftinction par
aucune lettre : on ajoûtera feulement que les crapaudines font de fonte, & les tourillons d'acier.

On a évité de coter chaque dimenfion, pour ne
pas trop charger les deffeins; mais, fi on veut, il fera
aifé de l'exécuter relativement à ce Mémoire, dont
les détails font juftes.

Auffi-tôt que la garance fort de l'étuve, on la porte
au moulin : quand elle eft pilée, on la paffe tout de

---

* Chaque mortier contient environ 6 livres de racines. Après quelques coups, on retire la racine,
& on la paffe pour ôter le billon.

On a éprouvé qu'un moulin qui
eft dirigé par un feul homme,
peut piler 500 livres de garance
en 24 heures.

suite au tamis, pour qu'elle soit à peu près comme de la sciure de bois, & on l'enferme sur le champ dans des barrils bien fermés, qu'on a soin de tenir dans un lieu sec.

Les tamis ont environ $2\frac{1}{2}$ pieds de diamètre sur 1 pied de hauteur; ils sont faits en boîtes cylindriques de 3 pièces, ressemblans à une caisse de Tambour, recouverts de peau dessus & dessous, pour empêcher la dissipation de la poudre fine. Les toiles de ces tamis sont de crin; elles sont plus ou moins fines, selon la qualité qu'on veut donner à la garance. Je crois qu'en quelques endroits on emploie des bluteaux au lieu de tamis.

La garance grappe se distingue en *robée* & *non robée*: la garance robée a son épiderme; l'autre, plus précieuse, en est en partie privée. Pour y parvenir, on retire la garance du moulin après qu'elle a reçu quelques coups de pilon, en la tamisant grossièrement on emporte une partie de l'épiderme, & on remet les racines au moulin pour achever de les pulvériser; mais il faut prendre garde d'emporter avec l'épiderme la partie colorante la plus précieuse.

Comme j'avois fait venir les plans de ce moulin pour en aider M.rs de Corbeil qui vouloient en faire construire un, M. de la Levrie qui voulut bien diriger cette construction, ne tarda pas à apercevoir les défauts du moulin de Lille; il les corrigea & en fit construire un à Corbeil, qui satisfait à tout ce qu'on en peut attendre. Heureusement que M. de la Levrie a bien voulu me donner les dimensions du moulin de Corbeil, & en corriger les figures. Néanmoins nous n'avons pas cru devoir supprimer les plans du

moulin de Lille, parce qu'il y eſt établi, & qu'il y
ſert à piler la garance; mais, grace à M. de la Levrie,
nous y ajoûtons le plan & les proportions du moulin
de Corbeil, qui eſt bien ſupérieur à l'autre.

DESCRIPTION

du Moulin à pulvériſer la Garance, conſtruit à Corbeil;
& Réflexions ſur celui de Lille.

DE tous les moulins à pilons qu'on peut faire, celui
de Lille paroît le moins propre à piler la racine de
garance : il avoit été fait pour piler du tabac, & on
s'eſt contenté d'en changer l'uſage ſans lui faire les
corrections néceſſaires. 1.° Les pilons de 10 pieds
de haut ne peuvent pas peſer 112 livres, le pied cube
de chêne ſec ne pèſe que 60 livres, les 10 pieds de
4 pouces carrés ne pèſent que $66\frac{2}{3}$ livres; ſi on y
ajoûte 10 livres pour la peſanteur du ſabot & des deux
mentonnets, ils ne pèſeront pas 77 livres; c'eſt trop
peu pour pulvériſer cette racine *. 2.° La ſuperficie
du carré de 4 pouces, réduite à celle d'un cercle
de même hauteur, n'eſt plus que $12\frac{4}{7}$ de pouce;
ce qui ne fait pas tout à fait 63 pouces pour la ſuperficie des cinq pilons. 3.° Ajoutez que leurs ſabots
ſont garnis de couteaux trop courts; la matière doit
s'y empâter, & dès-lors elle ne ſe broie plus. 4.° Il
eſt aiſé de voir par le rapport de la lanterne au rouet,
que chaque pilon ne peut battre que $28\frac{1}{2}$ coups par
minute. 5.° On ſait qu'une livre de garance bien foulée
tient un volume égal à une pinte d'eau, qu'on ſuppoſe

---

* Il eſt vrai qu'on les a chargés de plomb; mais on fera bien de
s'en paſſer.

de 48 pouces cubes; mais elle tient bien plus de place quand elle est en poudre non foulée, comme elle est dans les mortiers, éparpillée par les couteaux, & retombée sur elle-même : supposant encore qu'elle n'occupe que moitié en sus, ce sera 72 pouces cubes. On prétend qu'on met 6 livres de racine à la fois dans chaque mortier, qui feroient 432 pouces cubes, ou $\frac{1}{4}$ de pied cube. Il est impossible de faire tenir $\frac{1}{4}$ de pied cube de matière dans un mortier rond de 11 pouces de haut, dont le plus grand diamètre n'est que de 7 pouces, le plus petit dans le fond $4\frac{1}{4}$ pouces, & celui de l'entrée de 5 pouces; & si les mortiers étoient pleins, quelle force auroit la chûte des pilons ! 6.° Les leviers qui servent à lever les pilons & à les arrêter en l'air pendant qu'on vuide les mortiers, sont tout-à-fait mal imaginés; il faut une grande force pour en faire usage, encore faut-il saisir le moment où le hérisson a élevé les pilons à leur plus grande hauteur. 7.° Le volant est une pièce superflue, incommode, même dangereuse pour ceux qui servent le moulin; c'est un fardeau inutile qui ne peut servir qu'à augmenter le frottement de l'arbre sur ses tourillons : d'ailleurs il ne peut faire d'effet pour entretenir l'uniformité du mouvement, qu'autant qu'il est attaché à un arbre qui tourne très-vite. Ce n'est pas le cas, puisque l'arbre du hérisson ne fait pas 10 tours par minute. 8.° On ne dit rien de l'inégalité de la résistance, causée par la figure droite des lèves du hérisson, ni du frottement considérable des pilons dans leurs prisons, occasionné par la longueur de leurs mentonnets, parce que la puissance n'est pas chargée de tout le poids qu'elle pourroit mouvoir, il s'en faut beaucoup : mais cette puiffance eft un cheval dont on connoît la force ; & pourquoi ne la pas employer ? En voilà affez de dit pour faire apercevoir les défauts du moulin de Lille : la comparaifon qu'on en pourra faire avec le moulin dont on va donner la defcription, y fera trouver d'autres imperfections fur lefquelles il eft inutile de s'étendre.

Ce moulin a été conftruit à Corbeil : il n'eft pas néceffaire de faire le détail du rouage, qui eft le même que celui de Lille ; il fuffit de donner les proportions des parties qui le compofent. Le timon ou levier, depuis le centre de l'arbre du rouet jufqu'au point où eft attachée la chaînette du palonnier, a 9 pieds ; le rouet a 5 pieds de rayon, & porte 72 dents ; la lanterne, 10 pouces de rayon jufqu'au centre des fufeaux, & 12 fufeaux ; ainfi elle fait fix tours contre un du rouet ; le cheval faifant 3 pieds de chemin par feconde, fait $3\frac{1}{2}$ tours par minute, & la lanterne 20. Le hériffon ayant dans fa circonférence trois lèves pour chaque pilon, chaque pilon frappe 60 coups par minute, & les quatre, 240 dans le même temps. Le quarré fur lequel eft chauffée la lanterne, eft pris fur un arbre qui a 5 pouces de rayon, plus gros dans toute la longueur du hériffon, où il a 7 pouces de rayon. Il lui faut cette groffeur, afin que les tenons des lèves aient une longueur & une épaiffeur qui leur donnent de la folidité : on le laiffe rond pluftôt que de le faire à pans, parce qu'il eft plus aifé d'y percer les mor-taifes régulièrement, en fe fervant d'un calibre que les Menuifiers appellent un *guide-âne*, qui leur fert à en-feigner aux apprentifs à percer une mortaife aplomb*.

---

* Il faut que les tourillons de cet arbre tournent fur des paliers de cuivre.

Les

Les lèves ont 12 pouces de rayon, c'est-à-dire qu'il y a 12 pouces depuis le centre de l'arbre du hériffon jufqu'au point qui touche les pilons pour les élever ; ce qui indique un cercle de 2 pieds de diamètre : la face fupérieure de ces lèves eft coupée en une courbe qui les alonge, dont tous les rayons font des tangentes à la circonférence de ce cercle. La plus grande de ces tangentes a 12 pouces, elle détermine la plus grande levée des pilons : il réfulte de cette coupe, qu'à quelque élévation que foient les pilons, la réfiftance eft toûjours uniforme, puifqu'ils font toûjours pris par les lèves à la même diftance de leur centre de gravité. Comme dans la longueur du hériffon il y a 12 lèves fur 4 plans, elles forment entre elles des angles de 30 degrés, en les fuppofant vûes l'une derrière l'autre comme fur un même plan ; ce qui fait que quand le premier pilon eft à la moitié de fon élévation, le fecond eft prêt à être élevé ; le premier échappant, le troifième eft au moment d'être élevé, &c. Je dis au moment, parce qu'il eft à remarquer que les lèves avancent fous les mentonnets, ou fous ce qui en tient lieu, de 5 ou 6 lignes ; que la plus grande tangente de la courbe étant de 12 pouces, eft plus petite de près de 7 lignes que la fixième partie de la circonférence du cercle, & donne le temps au premier pilon d'échapper avant que le troifième foit pris ; ce qui eft néceffaire pour que la puiffance ne foit jamais chargée de plus de deux pilons.

On appelle le devant de la batterie, la face devant laquelle eft le hériffon : la batterie eft compofée de 2 folins de 10 pieds de long, de 8 pouces d'équarriffage, liés à chaque bout par une entretoife de

H

6 & 4, celle de devant arrafée aux feuillures pouf-
fées en dedans de cette partie des folins, de 15 lignes
de hauteur fur 1 pouce de largeur, pour fervir à
porter un plancher : au milieu de la longueur & de la
largeur des deux folins s'élèvent deux montans, qui
font mortaifés & chevillés; ils ont 12 pieds 8 pouces
de hauteur non compris leurs tenons, 14 pouces de
large fur 6 pouces d'épaiffeur, foûtenus chacun par
un lien mortaifé par devant à 2 pieds de hauteur, &
un derrière à $4\frac{1}{2}$ pieds. Entre ces deux montans eft
la pile fur laquelle battent les pilons; elle eft faite
d'une pièce d'orme tortillard bien fec, de $4\frac{1}{2}$ pieds
de long entre les montans, avec lefquels elle eft
affemblée par une languette de 2 pouces de large fur
autant de profondeur; elle a 20 pouces de hauteur fur
18 de largeur, elle pofe des deux bouts de toute fa
largeur fur le bord des folins, & dans l'intervalle
fur trois pièces de bois également efpacées, calées
fur un maffif de maçonnerie qui fupporte le tout. La
longeur de la pile eft partagée en deux par une cloifon
de 2 pouces d'épaiffeur, parallèle aux montans & de
même largeur, arrêtée dans la pile par deux tenons
& une rainure de toute fon épaiffeur, de même en
haut dans la partie de derrière de la prifon qui eft
fixe; fon prolongement jufqu'à la prifon d'en haut
eft arrêté par un affemblage pareil : cette cloifon divife
la longueur de la pile en deux auges de 26 pouces
de long chacune, formées par deux planches en
pente, de façon que les auges ont $4\frac{1}{2}$ pouces intérieurement dans le fond, fur $11\frac{1}{2}$ pouces d'ouverture,
& 12 pouces de hauteur perpendiculaire; & pour
empêcher que la poudre volatile qui s'élève en pilant

ne se perde, la distance du bord des auges à la première prison est fermée par des fonds, dont ceux
de derrière, ainsi que cette partie des auges, sont
assemblés à demeure, à rainure & languettes, dans les
montans & la cloison; ceux de devant se lèvent à
coulisse comme un chassis, & s'arrêtent de même
avec des tourniquets; on lève & on ôte tout-à-fait
le devant des auges, on tire toute la racine pilée avec
une cuillier de bois & un balai de plume, sur une
table qui est en avant, dont les rebords ont 4 pouces
de hauteur; on remet le devant des auges, on les
regarnit de racines en bâtons, on baisse les coulisses,
on laisse tomber les pilons qu'on avoit arrêtés pendant cette manœuvre qui s'exécute facilement &
diligemment, & le moulin travaille pendant qu'on
ramasse la racine & qu'on la passe au bluteau ou au
tamis. Il y a deux prisons, qui servent à guider les
pilons; le dessous de la première est à 3 pieds, le
dessous de la seconde à 10 pieds du dessus de la
pile: elles ont $3\frac{1}{2}$ pouces d'épaisseur; la première est
arrasée par devant aux joues intérieures des rainures,
afin que les coulisses y soient appliquées lorsqu'elles
sont fermées, & qu'elles glissent contre quand on les
lève. Chaque prison est de deux pièces, dont celles
de derrière sont assemblées & chevillées avec les
montans, & entretiennent solidement les cloisons;
celles de devant peuvent s'ôter & se remettre suivant
le besoin, elles coulent dans des rainures d'un pouce
de profondeur, & de leur épaisseur, qui sont aux montans, & qui sont entaillées à mi-bois avec les cloisons:
de plus elles ont deux clefs qui entrent dans des
mortaises qui sont aux parties fixes, où on les arrête

avec des chevilles. Les pilons ont par le bas 12 pouces
de face, 18 pouces de hauteur & 4 pouces d'épaiffeur, ce qui leur donne à la bafe 48 pouces carrés;
les queues ont $8\frac{1}{2}$ pieds de hauteur, 4 pouces de largeur, fur 3 pouces d'épaiffeur, ainfi ils ont en tout
10 pieds de haut, non compris les couteaux qui ont
4 pouces, ils font faits comme un fermoir de Menui-
fier; les tranchans ont $2\frac{1}{4}$ pouces de large, & les foies
$3\frac{1}{2}$ pouces de long, il y en a dix-fept à chaque pilon.
On a fupprimé les mentonnets, parce que les lèves du
hériffon les prenant par le bout toûjours au même éloi-
gnement de 5 pouces du centre de gravité des pilons, la réfiftance du frottement de leur queue dans
les prifons auroit été confidérable. Pour éviter cet
inconvénient, on a fait dans la face de la queue des
pilons une mortaife de 25 pouces de long fur 3 pouces
de large, fortifiée des deux côtés par des joues
de 2 pouces, prolongées de 6 à 7 pouces au delà
de chaque bout des mortaifes qu'on a laiffées de la
même pièce que les queues. Le haut des mortaifes
eft à 6 pieds au deffus de la pile, c'eft-à-dire, à la
même hauteur que le centre du hériffon : cette partie
eft garnie d'une platine de cuivre de 2 lignes d'é-
paiffeur, bien écrouie, polie & arrondie par le bord
pour faciliter l'échappement des lèves. On a mis fur
le côté des queues des pilons, & à 16 pouces du
deffous de la prifon d'en haut, des mentonnets d'un
bon pouce d'épaiffeur, de 2 pouces de hauteur fur
4 de faillie, pour tenir les pilons élevés pendant qu'on
vuide les auges. Les leviers qui fervent à cet ufage
font derrière, portés fur des chevalets affemblés dans
une pièce de bois qui l'eft par les deux bouts dans

deux corbeaux mortaifés & chevillés dans les montans;
ces pièces ont 6 pouces d'équarriffage : il y a des
gouffets fous les corbeaux. Les leviers font pris dans
des pièces de bois de 6 & $2\frac{1}{2}$ pouces, ainfi que les
lèves du hériffon. La face fupérieure du petit bras eft
taillée comme les lèves, fuivant une courbe développée du cercle générateur, dont le rayon eft l'intervalle du milieu du mentonnet au centre du mouvement
du levier, qui doit être fur le même alignement que
le deffous du mentonnet. Le rayon de ce cercle, ainfi
que le plus grand de la courbe, doit être de 15 pouces,
afin que le pilon élevé de 13 ou 14 pouces n'échappe
pas. Pour conferver la force des leviers, il faut que
le fil du bois fe trouve droit tout du long, paffant
par le centre de mouvement, dans lequel on arrêtera
carrément une barre de fer faillante de 2 pouces de
chaque côté, cette faillie arrondie en tourillons qu'on
placera fur des chevalets dans des fentes garnies, pour
le mieux, de couffinets de fonte. On attache une corde
au bout des petits bras, que l'on accroche à des cro-
chets de fer ou à des chevilles de bois qui font derrière
la pile, pour tenir les leviers un peu plus bas que les
mentonnets quand les pilons travaillent. Les grands bras
font diminués de largeur infenfiblement jufqu'à leur
bout, où ils font réduits au quarré de leur épaiffeur, il y a
à cet endroit une autre corde qu'on accroche aux mêmes chevilles de la pile pour arrêter les pilons en l'air.

OBSERVATIONS.

Les pilons de ce moulin ne pèfent que 100 livres
avec leur armure, peut-être quelques livres de plus
qu'on peut fupprimer en diminuant quelques pouces

fur la partie d'en bas : il n'y a jamais que deux pilons en
l'air, qui pèfent enfemble 200 livres, lefquelles fe réduifent à un effort de $133\frac{1}{2}$ livres pour la puiffance. On
compte ordinairement qu'un cheval de moyenne taille
peut employer 180 livres de fa force pour mouvoir
une machine, en travaillant quatre heures de fuite &
faifant 1800 toifes de chemin par heure : il va fouvent
plus vîte, mais c'eft fur ce pied que ce moulin a été
calculé ; il refte donc $46\frac{2}{3}$ livres pour vaincre la réfiftance des frottemens : il s'en faut beaucoup qu'ils
aillent là dans cette machine, on peut même dire
qu'ils font moindres que dans tout autre moulin de
cette efpèce. Un cheval peut d'autant mieux réfifter
à ce travail, qu'à chaque pilage qui dure 5 ou 6 mi-
nutes, il en a deux ou trois de repos pendant qu'on
vuide les auges & qu'on les regarnit. Ce moulin n'a
jamais pilé à Corbeil que 200 livres de racines, parce
que l'étuve n'a jamais fourni à une plus grande exploitation ; mais la durée de ce travail fait juger qu'il
en pileroit aifément 480, & même 500, s'il étoit
fourni. On prétend que le moulin de Lille peut piler
500 livres dans 24 heures : on a peine à le croire,
d'autant qu'on ne juge pas qu'il travaille la nuit, ainfi
il ne lui faut fuppofer que 10 heures de travail comme
à celui de Corbeil. Quoi qu'il en foit, l'exploitation
de ces deux moulins doit être en raifon compofée
de la pefanteur de leurs pilons, du nombre de coups
qu'ils frappent par minute, & de la fuperficie choquée,
ou, ce qui eft la même chofe, de leurs bafes ; c'eft-
à-dire que le moulin de Corbeil eft à celui de
Lille comme 400 livres, poids des quatre pilons
multiplié par 240, nombre des coups qu'ils battent

par minute, le produit par 192 , superficie des quatre
pilons, est à 385, poids des cinq pilons, multiplié par
$142\frac{1}{2}$, nombre des coups qu'ils battent par minute,
le produit par 63, superficie des cinq pilons, ou,
après la réduction, comme 16 est à 3; partant, le
moulin de Corbeil pilant 500 livres en 12 heures de
travail, celui de Lille n'en doit pas rendre 100.

On ne peut pas s'empêcher de blâmer l'indiffé-
rence où l'on paroît être en Flandre sur l'emplacement
des étuves & des moulins; ils sont, dit-on, dans des
bâtimens différens qui n'ont point de communica-
tion, il n'y a rien de moins convenable. On a l'expérience à Corbeil que la racine qu'on piloit ci-devant
dans un petit moulin à bras, placé dans une grange
à 5 ou 6 toises de l'étuve, dont il ne pouvoit recevoir
aucune impression de chaleur, reprenoit de l'humidité
& s'empâtoit sous les couteaux, ce qui lui fait beaucoup de tort. Cette manœuvre se fera toûjours l'hiver,
il n'est guère possible de faire autrement, ainsi il faut
se précautionner contre les brouillards de cette saison.

L'étuve proposée peut contenir 4 milliers de garance fraîche, qui rendront 500 livres de sèche après
y avoir resté deux fois 24 heures: le moulin peut
piler cette quantité dans une journée. Si on avoit
une récolte considérable , comme de 400 milliers
qui en produisent 50 de sèche (c'est tout ce que
ce moulin pourroit exploiter pendant les quatre mois
d'hiver en travaillant tous les jours) il faudroit né-
cessairement deux étuves. Voici à peu près comme
on pourroit disposer les bâtimens pour les étuves &
le moulin. On feroit un bâtiment de 63 pieds de
long sur 21 de large, avec un plancher à 20 ou 22

pieds du raiz-de-chauffée, qui feroit un grenier fur
lequel on étendroit une partie de la racine fraîche;
le deffous feroit occupé par le moulin & fa batterie,
de façon qu'il refteroit à chaque bout un efpace de
18 pieds jufqu'aux murs des extrémités; au milieu de
cet efpace on feroit les ouvertures des fourneaux pour
chauffer les étuves, qu'on placeroit de façon que les
planchers des tourailles feroient de niveau avec celui
du grenier : on pourroit ménager des trappes au plancher
du grenier, pour jeter en bas les racines étuvées ; &
comme il convient de les tenir fèchement en attendant
qu'on les mette au moulin, on les entafferoit tout autour
du fourneau fous l'évafement des pyramides renverfées
des tourailles, où les racines fe conferveroient faine-
ment pendant qu'on les pileroit & qu'on les tamiferoit;
car elles ne doivent point fortir d'auprès du fourneau
jufqu'à ce qu'elles aient été mifes en tonne.

En fuppofant qu'on pût exploiter le produit de
400 milliers de racine dans les quatre mois d'hiver,
il faudroit fe procurer un lieu affez étendu pour la
conferver en bon état, jufqu'à ce que la dernière aille
à l'étuve ; car on ne peut pas conferver la garance
en tas, elle s'y échaufferoit & pourriroit : il faut qu'elle
foit étendue fur une épaiffeur tout au plus de 2 pieds,
afin qu'on puiffe la retourner tous les jours à la fourche.
On eftime, d'après une expérience faite, que 8 pieds
cubes de cette racine fraîche pèfent 100 livres. La
fuperficie du grenier fera de 1323 pieds carrés, qui,
divifés par quatre, donnent 330 $\frac{1}{4}$ quintaux ou 33075
livres; c'eft bien loin de 400 milliers. On croit que
le mieux feroit d'avoir quelques grands bâtimens où on
feroit quatre ou cinq étages, qui tous enfemble puffent
contenir

contenir au moins douze fois autant que le grenier qu'on vient de donner pour exemple ; mais on épargneroit cette dépenſe, ſi on pouvoit ne la tirer de terre que peu à peu pendant l'Automne, l'Hiver & une partie du Printemps.

Explication des Figures du Moulin de Corbeil.

La *Figure 12* repréſente la Batterie vûe par-devant ; la *Figure 13* la fait voir par le bout, dont on a ôté tout l'aſſemblage du montant avec ſon ſolin.

a, Solins de 8 pouces d'équarriſſage, vûs par les bouts *(Fig. 12),* & la longueur d'un ſeul qui eſt de 10 pieds *(Fig. 13).*

b, Entretoiſes qui aſſemblent les ſolins, dont un eſt vû dans ſa longueur *(Fig. 12) ;* ils ſont vûs tous deux par le bout *(Fig. 13).* Ils ont 6 pouces ſur 4.

c, Plancher poſé devant ſur les feuillures des ſolins & ſur l'entretoiſe.

d, Montans aſſemblés dans les ſolins, vûs par leur épaiſſeur *(Fig. 12) ;* on n'en voit que le haut d'un *(Fig. 13),* au deſſus de la ſeconde priſon ; & la largeur du bas eſt déſignée par les deux lignes ponctuées qui ſont ſur le bout de la pile qui le couvre, comme le reſte eſt couvert par la cloiſon du milieu. Ces montans ont 12 pieds 8 pouces de hauteur, 6 pouces d'épaiſſeur, 14 pouces de large depuis le bas juſqu'à la hauteur du hériſſon, réduits au deſſus à 10 pouces : leur rétréciſſement eſt marqué dans la treizième figure par une portion de cercle ponctuée, tracée du centre de l'arbre du hériſſon.

e, Liens qui aſſurent les montans ſur les ſolins : ceux du devant ſont mortaiſés à la hauteur de 2 pieds, ceux de derrière à 4 pieds ½. Ils ont 6 pouces fur 4.

f, Pile fur laquelle battent les pilons : elle eft de
bois d'orme de 4 pieds ½ de long entre les montans,
de 20 pouces de haut fur 18 de large ; elle a à chaque
bout une languette de 2 pouces d'épaiffeur fur 2 pouces
de faillie, qui entre dans des rainures qui font aux montans. On voit une de ces rainures *x, (Fig. 13).*

g, Table arrafée au deffus de la pile, de même
longueur, de 12 pouces de large, de 2 pouces d'é-
paiffeur, ayant un rebord de 4 pouces de hauteur :
elle pofe fur une feuillure prife fur le bord de la pile
& fur trois gouffets *B.*

H, trois pièces de bois qui fupportent la pile : on
en voit les bouts par deffous l'entretoife *(Fig. 12).* On
en voit une dans fa longueur, qui eft de 2 pieds
(Fig. 13).

i, Maffif de maçonnerie fur lequel pofe la batterie.

K, Cloifon qui partage la longueur de la pile en
deux ; elle règne depuis la pile jufqu'à la prifon d'en
haut ; elle a 2 pouces d'épaiffeur, même largeur &
même figure que les montans ; elle a fur le bord de
devant & fur les faces qui regardent les montans, des
rainures qui montent jufqu'à l'étréciffement ; il y en
a de pareilles aux montans. Cette cloifon eft en deux
parties dans fa hauteur : celle d'en bas eft affemblée
dans la pile à rainure & languette de fon épaiffeur,
de même en haut avec un tenon de plus chevillé dans
la partie de derrière de la première prifon qui eft
fixe ; l'autre partie eft affemblée de même fur la
première prifon & fous la feconde : elles entrent à
rainure dans toute la largeur des parties de devant
des prifons, qui font mobiles.

L, Auges dans lesquelles on met la racine : elles ont au fond $4\frac{1}{2}$ pouces de large, $11\frac{1}{2}$ pouces d'ouverture & 12 pouces de hauteur perpendiculaire. Elles font formées par deux planches en pente devant & derrière *(Fig. 13)* ; l'efpace depuis leur bord jufqu'à la première prifon eft fermé par des fonds : le tout eft d'un pouce d'épaiffeur. La partie de derrière *C* eft affemblée à demeure, à rainure & languettes, dans les montans & la cloifon : les fonds de devant *D* forment deux couliffes qu'on lève par deux boutons, comme on le voit en un des côtés de la *Fig. 12.* Le devant des auges *E* s'ôte tout-à-fait : on a repréfenté *(Fig. 12)* l'auge ouverte au deffous de la couliffe qui eft levée, par où on voit le fond & la fermeture du derrière de l'auge *c,* & deux pilons, dont l'un eft levé entièrement & l'autre à moitié : on a repréfenté le devant de cette auge *E* à côté, appuyé contre le montant *d. F,* boutons pour lever les couliffes & ôter le devant des auges.

M, Prifons de $3\frac{1}{2}$ pouces d'épaiffeur ; elles font de deux pièces dans leur largeur : celles de derrière font affemblées dans des rainures de toute leur épaiffeur & 1 pouce de profondeur, faites aux montans, avec un tenon *l, (Fig. 13)* chevillé à chaque bout ; la cloifon y eft affemblée dans le milieu, comme on l'a dit ; elles ont 7 pouces de large, échancrées de la demi-épaiffeur des queues des pilons aux endroits où elles y paffent : les deux autres pièces s'ôtent quand on veut, & font échancrées de même pour le paffage des pilons ; elles ont chacune deux clefs de 4 pouces de large, de 4 pouces de long, d'un pouce d'épaiffeur, qui entrent dans les mortaifes qui font aux parties fixes entre les queues des deux pilons de chaque auge, où on les arrête avec de groffes chevilles *g*. Elles coulent par les bouts dans les rainures des montans. Celle d'en bas a 6 pouces de large, afin que les couliffes puiffent glifter contre : celle d'en haut a 4 pouces de large, & par conféquent 1 pouce de faillie qui eft arrondie par les bouts. Le deffous de la première prifon eft à 3 pieds au deffus de la pile, le deffous de la feconde eft à 10 pieds.

N, Pilons de 10 pieds de hauteur : ils ont 12 pouces de large en bas dans la hauteur de 18 pouces *(Fig. 12)*, 4 pouces d'épaiffeur *(Fig. 13)*, $8\frac{1}{2}$ pieds de queue, de 4 pouces de large fur 3 pouces d'épaiffeur. A un pouce au deffus de la première prifon, on les a laiffés de 7 pouces de large dans une hauteur de 37 à 38 pouces, pour y pratiquer une grande mortaife *h*, de 25 pouces de longueur & de 3 pouces de large. Le haut de ces mortaifes eft garni d'une lame de cuivre de 2 ou 3 lignes d'épaiffeur, repliée fur la face, & l'angle eft arrondi. A 16 pouces au deffous de la feconde prifon, & fur le côté des queues, il y a des mentonnets *i*, de 2 pouces de hauteur, d'un pouce d'épaiffeur & de 4 pouces de faillie. Le bas des pilons eft fortifié par une ceinture de fer *m*, d'un pouce & demi de large fur 4 lignes d'épaiffeur, & eft garni par le bout de dix-fept couteaux *n*. On en voit l'arrangement *(Fig. 15)* & la forme *(Fig. 16)*.

O, Corbeau de 6 pouces d'équarriffage avec fon gouffet, l'un & l'autre mortaifés & chevillés dans le montant *(Fig. 13)*. Il y en a un pareil à l'autre montant, on ne peut le voir *(Fig. 12)*.

P, Pièce de 6 pouces d'équarriffage affemblée dans

les corbeaux *(Fig. 12)*. On la verroit dans la *Fig. 13* par le bout, mais on ne l'a pas deffinée pour éviter la confufion.

Q, Chevalets affemblés & chevillés dans la pièce *P*, refendus en *o* pour paffer les leviers *(Fig. 12)*, & de plus en *p (Fig. 13)* pour recevoir leurs tourillons.

R, Leviers qui fervent à lever les pilons & à les arrêter pendant qu'on vuide les auges : ils font portés par les chevalets *Q*, où ils ont leur jeu : ils font faits d'une pièce de bois de fil, de 6 pouces de large fur $2\frac{1}{2}$ pouces d'épaiffeur. La face fupérieure du petit bras eft taillée fuivant une courbe développée d'un cercle, dont le rayon de 15 pouces détermine la longueur de ce petit bras. Le plus grand rayon de cette courbe a auffi 15 pouces : le grand bras a quatre fois cette longueur. On n'a point déterminé la longueur des corbeaux, parce qu'elle dépend de la longueur du petit bras du levier, qu'on peut augmenter fi on veut, en donnant au grand bras telle longueur qu'on voudra, pourvû qu'on ait affez de force pour lever les pilons. Le centre des tourillons doit être à la même hauteur que le deffous des mentonnets. Les extrémités des grands bras font réduites au carré de leur épaiffeur, où on attache une corde *q*, qu'on arrête à des chevilles *r*, qui font à la pile, quand on a élevé les pilons de 13 à 14 pouces. Le plus près des extrémités qu'on peut des petits bras, on attache une autre corde *f*, qu'on arrête aux mêmes chevilles *r*, quand les pilons travaillent.

S, Arbre du hériffon vû par le bout *(Fig. 13)*, & en face *(Fig. 14)*; il eft rond, de 14 pouces de diamètre; il eft garni de 12 lèves fur quatre plans:

efpacés de façon qu'étant en place les lèves fe trouvent vis-à-vis les mortaifes *h*, où elles doivent entrer pour lever les pilons fans toucher aux joues: on les voit toutes *(Fig. 13)*. Celles qui font fur le même plan fe voyent marquées des mêmes chiffres 1, 2, 3, 4; & elles font cotées des mêmes chiffres *(Fig. 14)*; elles font taillées dans des pièces de bois de 6 pouces de largeur fur $2\frac{1}{2}$ d'épaiffeur : leurs tenons *X*, *(Fig. 13)*, ont $2\frac{1}{2}$ pouces fur deux pouces, & font de toute la longueur qu'ils peuvent porter fans fe toucher, au centre de l'arbre. Du centre de l'arbre au point où les lèves touchent le deffous des mortaifes *h* des pilons pour les élever, il y a 12 pouces; ce point avance fous les mortaifes de 5 à 6 lignes : c'eft le cercle qui paffe par ces points qui eft générateur d'une courbe qui en eft la développée, & qui donne la forme à la face fupérieure des lèves. Le plus grand rayon de cette courbe eft auffi de 12 pouces. La face inférieure eft coupée droite & eft tangente d'un cercle dont le rayon auroit un demi-pouce de moins que le cercle générateur de la courbe, afin qu'au moment que fa pointe un peu arrondie échappe, rien n'empêche le pilon de defcendre. Il faut avoir attention que les tenons des lèves foient bien de fil.

T, Bafe d'un pilon vû par le bout *(Fig. 15)*, pour faire comprendre l'arrangement des couteaux qui font repréfentés par les traits noirs, comme fi on ne voyoit que leurs tranchans : les lignes ponctuées marquent la divifion de cette furface pour les placer.

V, un Couteau *(Fig. 16)*, marqué *n* *(Fig. 12 & 13)*, la hauteur du deffus du talon au tranchant

4 pouces; la foie a 3½ pouces, fa bafe ½ pouce en carré, le talon environ 18 lignes de diamètre, les tranchans 27 lignes de large, ils doivent être acérés & courts.

Les *Figures 15* & *16* font fur une échelle quadruple de celle des trois premières, afin qu'on en aperçoive mieux le détail.

DESCRIPTION

des Inftrumens d'Agriculture dont il a été parlé au commencement de ces Mémoires, à l'occafion des labours qu'il convient de donner aux plate-bandes.

Nous avons dit qu'il falloit entretenir la terre des plate-bandes ou des trois pieds de terre qu'on laiffe vuide entre les rangées de garance, très-meuble, pour l'employer dans les faifons convenables à charger les planches & à enterrer les couchis; il faut donc labourer de temps en temps ces plate-bandes. Si on employoit les charrues ordinaires, on courroit rifque d'endommager quantité de pieds de garance par les rouelles des charrues & le trépignement des chevaux: on trouvera dans notre Traité de la culture des terres plufieurs inftrumens propres à ces cultures, mais pour difpenfer les cultivateurs de garance d'avoir recours à cet ouvrage, nous allons donner la defcription d'un cultivateur qui eft propre à exécuter les labours dont il s'agit.

Ce cultivateur eft compofé d'un foc dont les aîles font éloignées de 7 à 8 pouces à leur extrémité *A B*, *(Fig. 17)*: la Douille *C*, qui eft entre les deux aîles, les excède de quelques pouces ; elle a 3 pouces de largeur à l'entrée, & 1 pouce de profondeur ; elle defcend un peu moins que les aîles, pour éviter qu'elle ne touche la terre : la longueur depuis la pointe *D* jufqu'au bout des aîles *A B*, eft de 12 à 13 pouces. A 5 pouces de la pointe eft un trou *E*, qui reçoit la pointe recourbée *F*, d'une pièce de fer plat qu'on nomme le *Gendarme*, & qu'on attache par fon autre bout à la fcie antérieure *H*.

Ce Gendarme, qui forme un angle du côté de la pointe du foc, fert à couper la terre dans le fens vertical, tenant lieu de coutre, & auffi à affujettir une ou deux oreilles, ou petits verfoirs, lorfqu'on le juge à propos.

Le Sep *GI*, a $2\frac{1}{2}$ pieds ou 3 pieds de longueur, & eft taillé par l'avant pour entrer dans la douille du foc ; il eft joint à l'âge *KL* par la fcie *H* & par l'attelier *M*, & encore par l'extrémité des manches *KN*.

L'Age *KL*, eft droite ou prefque droite ; fon extrémité poftérieure *K* eft reçûe & affemblée au bas des manches vers *O* ; elle reçoit l'attelier & la fcie vers *P* ; elle eft traverfée par deux pommelles qui font affemblées aux deux limons *RR*, qui font encore retenus à leur extrémité par une troifième pommelle *S* : entre ces deux limons eft une roue comme celle d'une brouette, & elle roule fur un effieu ou boulon de fer qui traverfe le moyeu & les deux faux limons *TT*, qu'on peut écarter des vrais limons *RR*, quand on veut que le foc pique moins, ou les rapprocher quand on defire qu'il pique davantage. Comme l'âge peut gliffer dans les pommelles *Y*, on eft maître de la porter vers la droite ou vers la gauche, afin

que

que le foc ne fuivant pas la direction du cheval,
mais une ligne parallèle à cette direction, l'on puiffe
labourer tout près des rangées fans endommager les
plantes. Un cheval fuffit pour tirer ce cultivateur.

CONCLUSION.

APRÈS ce que nous avons dit fur la culture de
la garance, fur la conftruction des étuves & fur celle
des moulins à pilons, il y a lieu d'efpérer que les
Cultivateurs intelligens réuffiront à multiplier une
plante qui doit les dédommager des avances qu'ils
auront faites, & des peines qu'ils fe feront données; ils
doivent de plus être engagés à furmonter les diffi-
cultés qui fe préfenteront, par les priviléges que le
Roi leur accorde en vertu de l'arrêt du Confeil du
24 février 1756, dont nous joignons ici la copie;
mais ce qu'ils doivent encore regarder comme un
point très-avantageux, c'eft que la garance n'épuife
point la terre, & que les labours que cette plante
exige, difpofent cette terre à produire en abondance
toutes fortes de grains: nous allons le prouver par
quelques expériences.

Dans le pays dont il s'agit, les terres portent une
année du feigle ou de l'efpeaute, l'autre année de
l'orge ou de l'avoine, la troifième elles reftent en
jachère. Dans le même efpace de trois ans, on peut
faire une récolte de garance & une de grain. Une
année, ayant fait femer de l'efpeaute fur un arrachis
de garance, ce grain, qui avoit été femé à la herfe,
refta fix femaines fans paroître, à caufe que la terre
étoit fort fèche; il n'en parut même après ce temps
qu'une petite quantité: néanmoins, à la moiffon, ce

K

champ fournit autant de gerbes que les autres du pays, mais la paille avoit 6 pieds de longueur au lieu de 4, & les épis étoient une fois plus longs que ceux des autres champs.

Une autre année, ayant fait femer du blé de Mars fur un arrachis de garance, on récolta à raifon de 20 douzaines de gerbes par arpent, tandis que les autres champs n'en donnèrent que 8 à 9. Enfin une autre année, ayant femé de l'avoine fur une terre d'où on venoit de tirer la garance, elle rendit 40 douzaines par arpent, & chaque douzaine faifoit 5 boiffeaux, les terres ordinaires n'ayant produit cette année que 5 à 6 douzaines. Ainfi on peut efpérer de la culture de la garance plufieurs avantages confidérables.

1.° Un profit honnête par la vente de la racine.

2.° Une amélioration confidérable de terres médiocres.

3.° La fatisfaction de pouvoir occuper par ce moyen & donner à vivre à beaucoup de femmes & d'enfans.

Ce font ces motifs qui ont engagé le Confeil à donner l'arrêt inféré après l'article fuivant.

J'aurois defiré pouvoir me procurer des Mémoires plus circonftanciés fur la culture de la Garance en Zélande; mais j'ai cru devoir faire imprimer ce qui fe trouve dans le Nouvellifte Économique & Littéraire, ne fût-ce que pour faire ounoître que la culture de cette plante en Zélande diffère peu de celle que nous avons rapportée dans le corps de l'ouvrage.

SUR LA CULTURE DE LA GARANCE
en Zélande & en Hollande.

Extrait du Nouvellifte Économique & Littéraire, imprimé à la Haye,
Tome IV, page 110.

LA garance eft la racine d'une plante de même nom; cette racine, féchée, moulue & préparée, fert à une teinture rouge. La garance ne paffe pas pour une plante originaire de ce pays; on prétend qu'n y a quelques fiècles qu'elle fut tranfportée des Indes dans la Perfe, de ce pays à Venife, & de-là par l'Efpagne & la France dans les Provinces-unies. On la cultive actuellement avec beaucoup de fuccès en Zélande; elle fe trouve auffi en Hollande, & particulièrement au pays de Voorn près de la Brille. C'eft une plante fort délicate, dont l'accroiffement eft fouvent retardé ou entièrement arrêté par divers contre-temps imprévus; ces variétés dans le produit & dans le prix de cette racine enrichiffent ou ruinent ceux qui la cultivent. C'eft des rejetons des vieilles plantes qu'on en fait venir de nouvelles; ces rejetons font féparés de la mère plante, & mis en terre au printemps vers les mois d'Avril, de Mai, ou même de Juin, felon que la faifon fe trouve plus ou moins favorable. On prépare d'avance la terre par deux ou trois labours, & quelquefois davantage; on la divife enfuite en lits plats & affez longs, de deux pieds de large: c'eft-là que l'on plante les rejetons au nombre de quatre ou cinq dans la largeur. On a foin d'arracher les mauvaifes herbes, & de tenir la plante auffi nette qu'il fe peut: on la laiffe deux ans en terre, & même quelquefois trois ou quatre; on a foin tous les hivers de la bien couvrir de terre. Après ce temps on la tire de fon lit, & on la porte dans des étuves. Pour l'y faire fécher on la pofe fur un plancher léger fait de lattes arrangées en forme de gril : ce plancher eft placé au deffus d'un four, dont le feu eft entretenu par le moyen de tourbe de Frife, & dont la chaleur s'élève à la couche de la garance au travers de diverfes ouvertures affez éloignées l'une de l'autre. On porte enfuite cette racine dans un appartement pareil à celui où on fait fécher les grains, & qui peut avoir cinquante pieds de long; on l'étend fur un tiffu de crin, & elle achève de s'y fécher : de-là on la porte dans une aire, & on la nettoye avec foin de la terre & de peaux qui s'y font attachées. Enfin on la met dans un grand mortier de bois, pour y être pilée par le moyen de pilons de bois garnis par deffous de lames de fer, qu'on nomme couteaux; ces pilons agiffent par l'action d'un moulin que trois chevaux font mouvoir. La garance ainfi pilée fe tamife enfuite, & on la fépare en trois cuvettes différentes : la première eft pour la groffière, dite mulle; la feconde pour la commune, la troifième pour la fine ou meilleure. Au fortir de ces cuvettes la garance fe mettoit autrefois dans des facs femblables à ceux du houblon; mais on en remplit à préfent des tonneaux où on a foin de la bien preffer. Des trois efpèces de garance, la plus précieufe eft uniquement tirée du cœur de la racine; la feconde ou commune, l'eft de la fubftance qui environne le cœur; la troifième ou groffière eft faite des peaux ou enveloppes extérieures. Les deux premières efpèces font mêlées l'une avec l'autre, &

quand il y a deux parties de la première & une de la
feconde, on l'appelle *un* & *deux*. On ne laiffe point
perdre ce qui refte fur le plancher de l'étuve; mais
ou l'on mêle ce réfidu avec la troifième forte, ou on
en fait des paquets féparés. Il en eft de même de ce
qui fe fépare au moulin. Après que la garance a été
mife dans les tonneaux, elle eft examinée par des
infpecteurs qui voyent fi elle a été bien préparée, fi
elle n'a point été brûlée en féchant, & s'il n'y a pas
un trop grand mélange de terre. Les édits font très-
févères à tous ces égards, & ils font fur-tout exactement obfervés dans la ville de Zierikfée. Il y a dans
le domaine feul de cette ville dix-neuf fours à garance,
& l'on évalue le produit annuel de chacun de ces
fours à cent mille livres pefant. Il eft difficile d'eftimer
au jufte la quantité de garance qu'une certaine étendue
de terrein peut porter, vû la qualité différente de la
terre & la diverfité d'accidens auxquels la récolte eft
expofée. En général cependant on tire de chaque
arpent, trois à fix cens livres de garance.

ARREST

DU CONSEIL D'ÉTAT DU ROI,

Qui ordonne que ceux qui entreprendront de cultiver des plantations de Garance dans des marais & autres lieux non cultivés, ne pourront pendant vingt années être impofés à la taille, eux ni leurs employés à ladite exploitation, pour raifon de la propriété ou du profit à faire fur l'exploitation defdits marais & terres cultivées en Garance.

Du 24 Février 1756.

Extrait des Regiftres du Confeil d'E'tat.

LE ROI étant informé que plufieurs terreins en marais & inondés feroient propres à produire de la garance, que l'on eft obligé de tirer des pays étrangers, & que quelques perfonnes s'offriroient à faire les frais néceffaires pour cultiver cette plante & deffécher lefdits marais, s'il lui plaifoit les faire jouir de quelques exemptions & priviléges, & nommément de ceux qui font attribués par l'édit de 1607 & la déclaration de 1641, & autres règlemens fubféquens, à ceux qui font le defféchement des marais jufqu'alors incultes. A quoi voulant pourvoir : Ouï le rapport du fieur Moreau de Séchelles, Confeiller d'E'tat ordinaire, & au Confeil royal, Contrôleur général des finances ; LE ROI ÉTANT EN SON CONSEIL, a ordonné & ordonne que ceux qui voudront entreprendre de cultiver des plantations de garance dans des marais & autres lieux de pareille nature, qui ne font point cultivés, ne pourront pendant vingt années, à compter du jour que les defféchemens & défrichemens auront été commencés, être impofés à la taille, eux ni ceux qui feront employés à ladite exploitation, pour raifon de la propriété ou du profit à faire fur l'exploitation defdits marais & terres cultivées en garance : Voulant Sa Majefté qu'au cas qu'ils n'aient point été impofés jufqu'alors, & qu'ils ne foient point dans le cas de l'être dans les paroiffes où lefdits biens feront fitués, pour leurs autres biens, facultés & exploitations, ils ne puiffent être compris dans les rôles des tailles ; & qu'au cas où ils feroient d'ailleurs impofables, ils foient taxés d'office par le fieur Intendant & Commiffaire départi. Ordonne Sa Majefté qu'en outre ils jouiront de tous les priviléges portés par l'édit de 1607 & la déclaration de 1641, en faveur des entrepreneurs des defféchemens : comme auffi qu'il leur foit permis de tenir, tant à Paris que dans les autres villes & lieux du royaume, des magafins de la garance provenant de leurs exploitations, & de les vendre, tant en gros qu'en détail, fans qu'ils puiffent y être troublés ni inquiétés. E'voque Sa Majefté à Elle & à fon Confeil, tous les procès, différends & conteftations que ceux qui entreprendront la culture defdites garances pourront avoir, tant en demandant qu'en défendant, pendant le cours de cinq années, à compter du jour du préfent arrêt, pour raifon de leurs entreprifes & priviléges à eux accordés, & les a renvoyés & renvoie par-devant les fieurs Intendans & Commiffaires départis, pour être par eux jugés en première inſtance, ſauf l'appel au Conſeil. Enjoint Sa Majeſté auxdits ſieurs Intendans, de tenir la main à l'exécution du préſent arrêt. FAIT au Conſeil d'E'tat du Roi, Sa Majeſté y étant, tenu à Verſailles le vingt-quatre février mil ſept cent cinquante-ſix.

Signé M. P DE VOYER D'ARGENSON.

F I N.

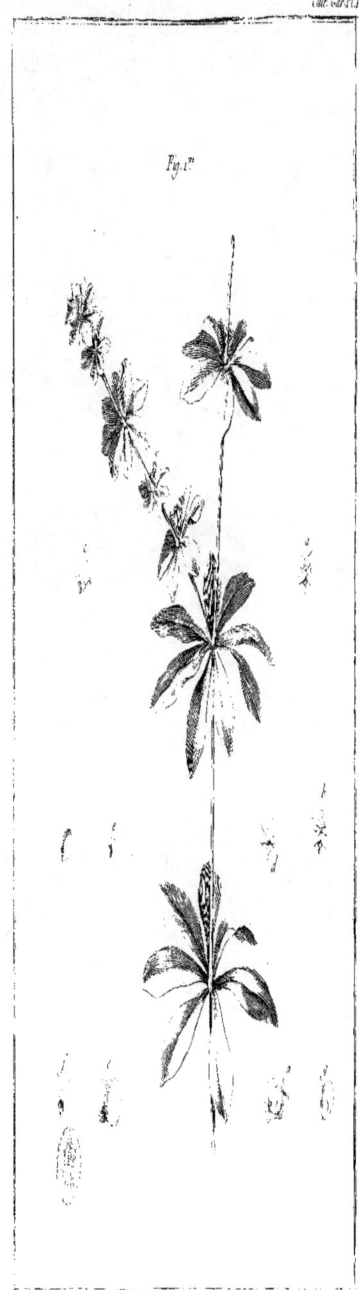
Fig.1re

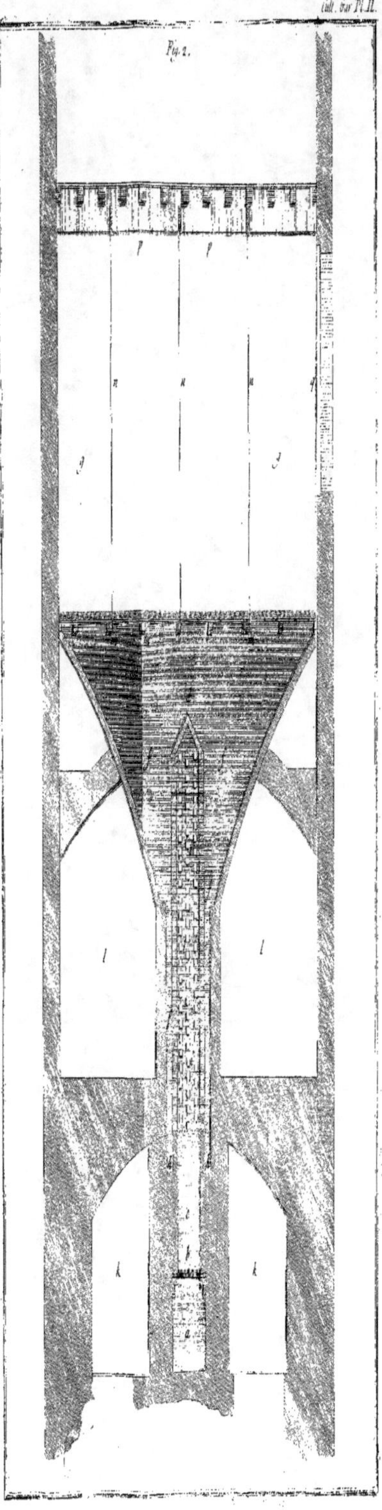
Fig. 2.

Fig 3.

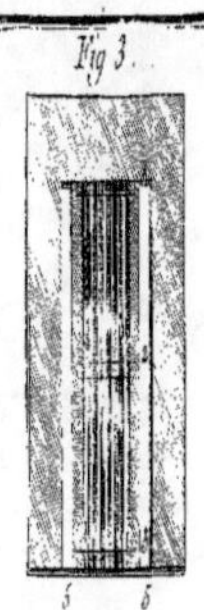

Fig 4.

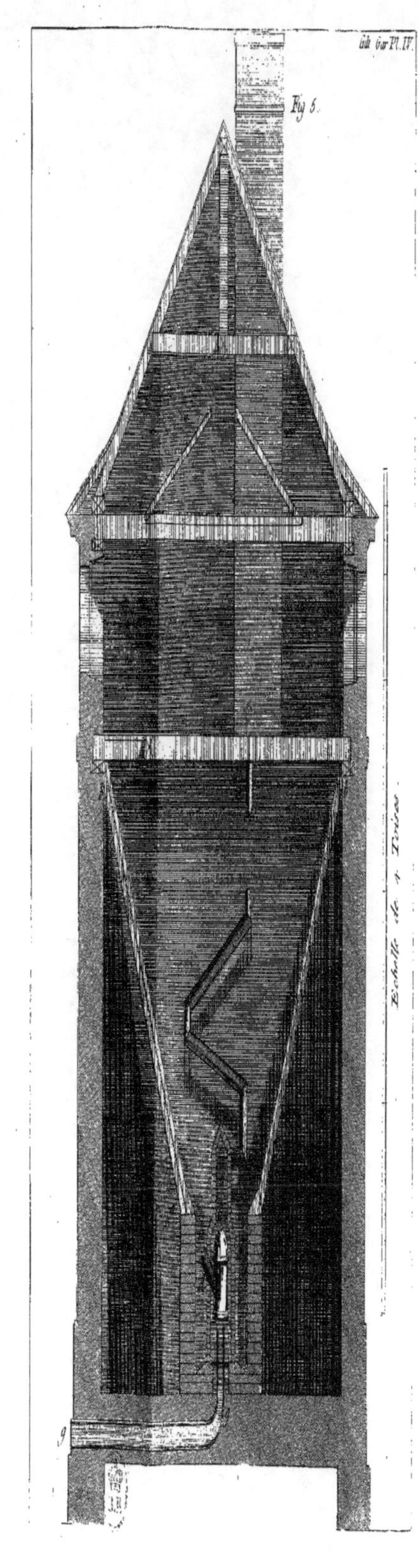

Edit. Gar. Pl. IV.
Fig 6.
Fig 5.
Echelle de 4 Toises.
9

Fig. 6.

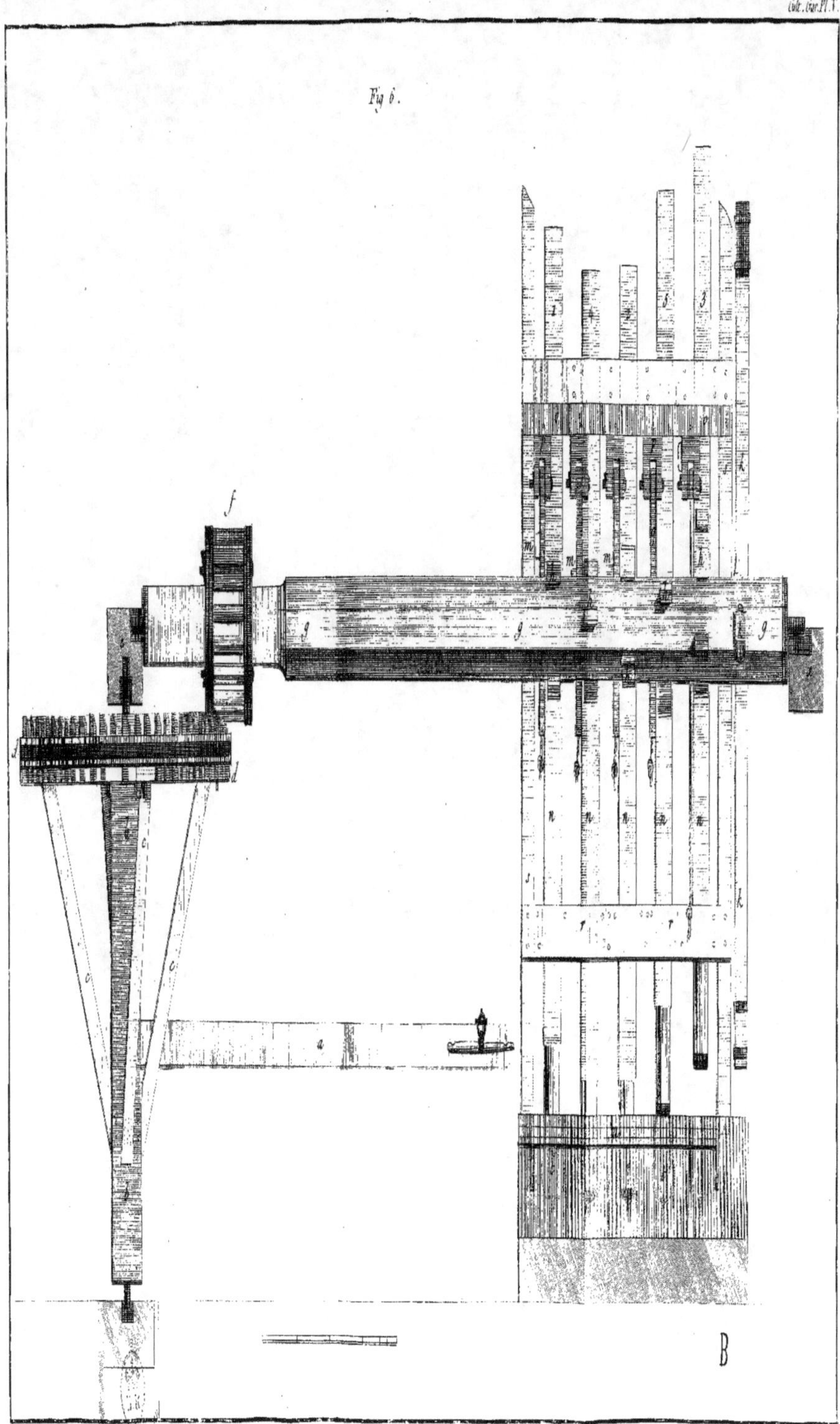

B

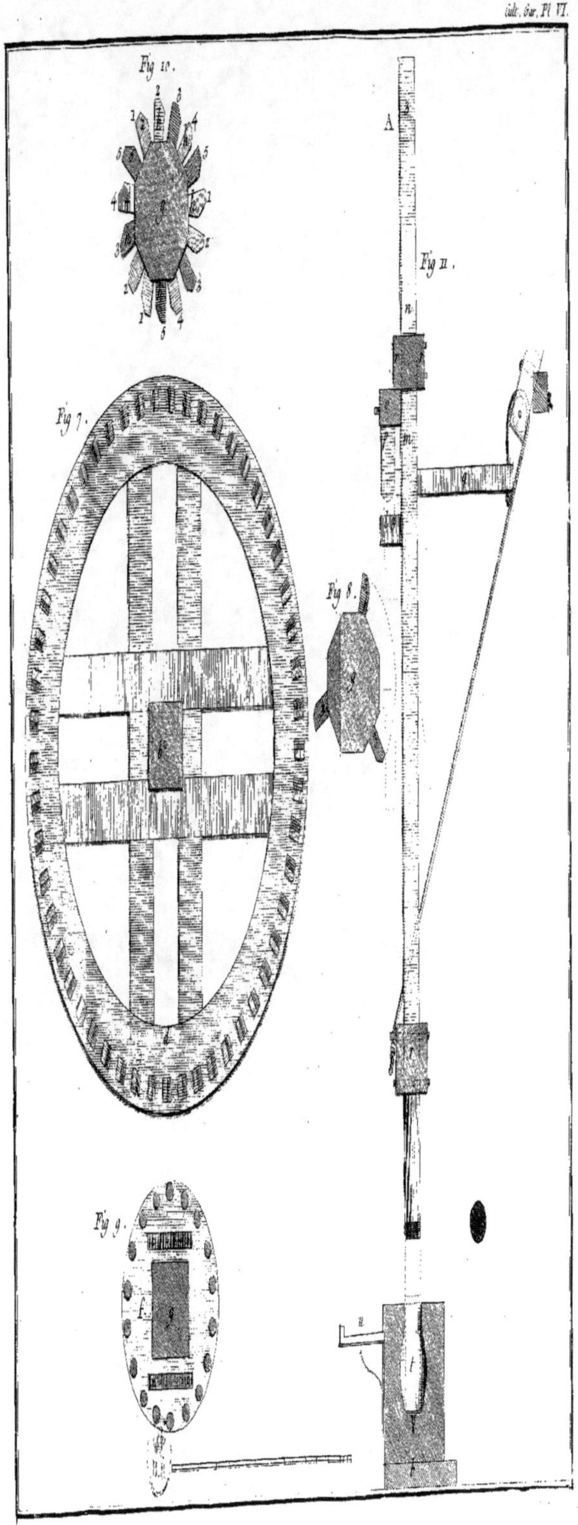

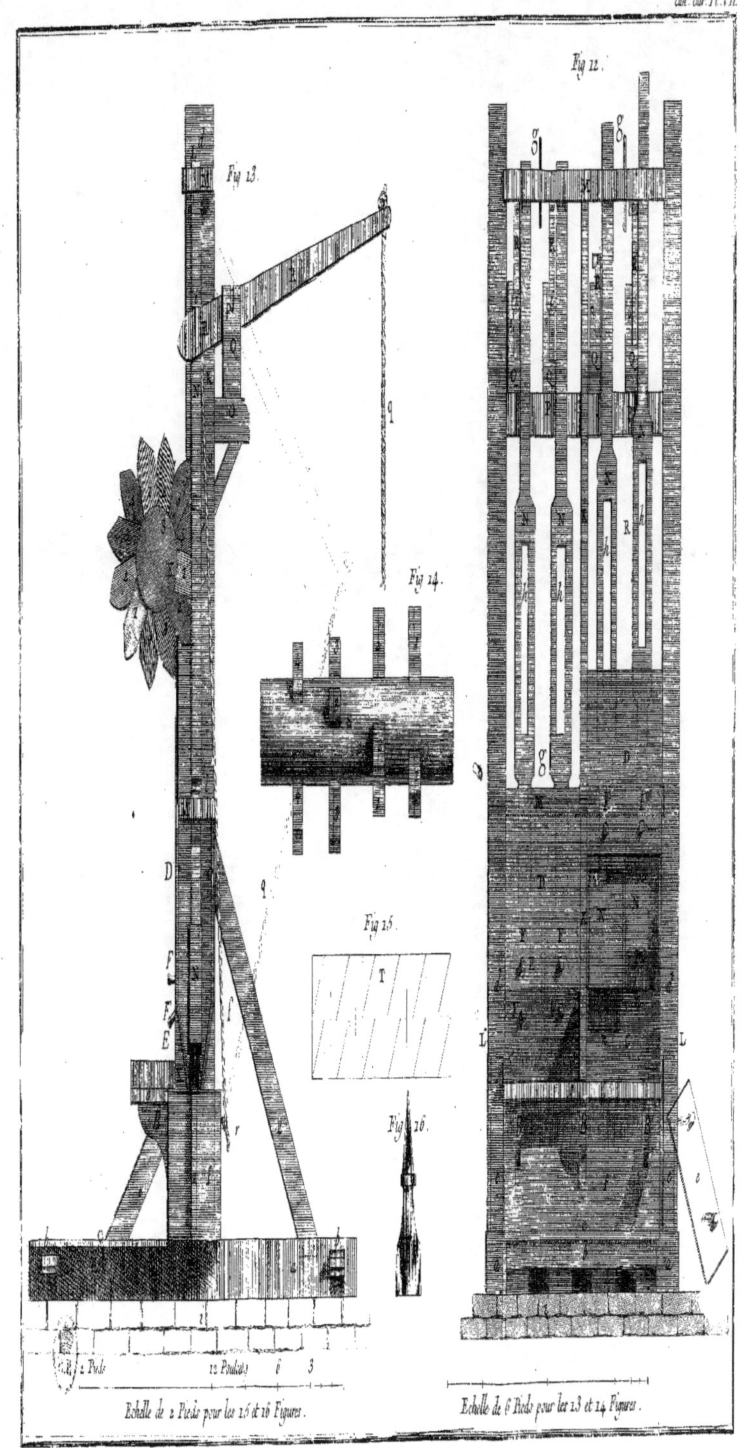

Echelle de 2 Pieds pour les 15 et 16 Figures.

Echelle de 6 Pieds pour les 13 et 14 Figures.

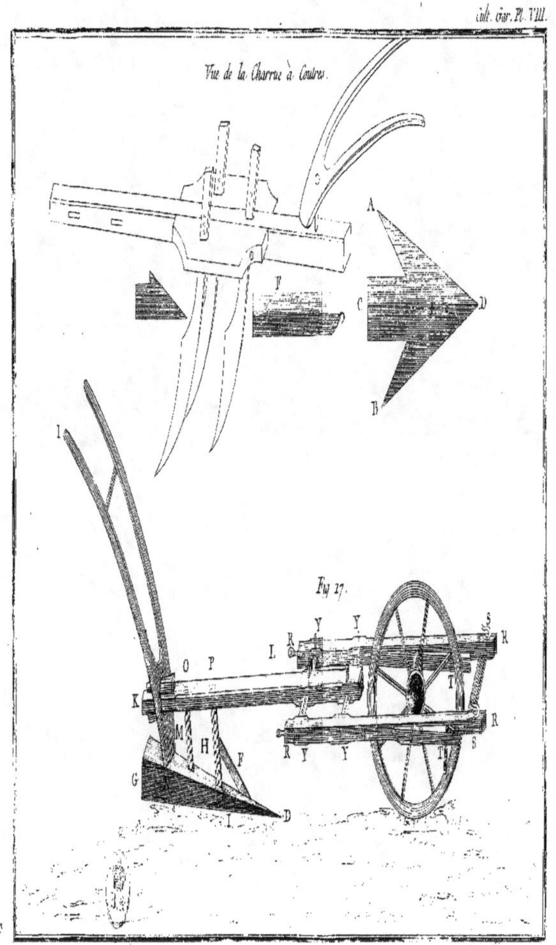
Vue de la Charrue à Coutres.
Fig 17.

www.ingramcontent.com/pod-product-compliance
Lightning Source LLC
LaVergne TN
LVHW012012180726
843502LV00005B/1666